不逃避的勇气

"自我启发之父"
阿德勒的人生课

[日] 岸见一郎 著

渠海霞 译

アドラーを読む
同体感覚の諸相

机械工业出版社
CHINA MACHINE PRESS

本书对阿德勒的思想轨迹以及阿德勒心理学理论和思想概要进行了系统的追溯和阐释。本书内容共分九章。在第一章介绍了阿德勒及其著作的基本情况之后，分八章从"关于他者存在""目的论""生活方式""被娇惯的孩子""优越性追求""关于神经症""鼓励：教育和治疗""寻求人生意义"这八个方面较为全面系统地分析了阿德勒"个体心理学"的主要观点。本书内容通俗易懂，在论述阿德勒个体心理学思想的同时结合了许多生活中的实例。并且，该书在对阿德勒的思想观点加以考察的同时，也尽量联系人们在生活中经常遇到的问题来进行分析并适时给出具体建议。阅读本书不仅有助于我们较为全面地了解阿德勒思想及其个体心理学，更可以促使我们以此为契机来反观人生、完善自我。读完本书，能使我们树立直面人生课题的信心和勇气，继而更好地完善自我、丰盈生命。

Original Japanese title: ADLER WO YOMU: Kyodotai Kankaku no Shosou
Copyright©2014 Ichiro Kishimi
Original Japanese edition published by Arte Publishing Inc.
Simplified Chinese translation rights arranged with Arte Publishing Inc. through The English Agency (Japan) Ltd. and Shanghai To-Asia Culture Co., Ltd.

北京市版权局著作权合同登记 图字：01-2021-5292 号。

图书在版编目（CIP）数据

不逃避的勇气："自我启发之父"阿德勒的人生课 /（日）岸见一郎著；渠海霞译 . — 北京：机械工业出版社，2022.1（2024.4 重印）
ISBN 978-7-111-70005-0

Ⅰ.①不⋯ Ⅱ.①岸⋯ ②渠⋯ Ⅲ.①阿德勒 (Adler, Alfred 1870-1937) – 心理学 – 通俗读物 Ⅳ.①B84-49

中国版本图书馆CIP数据核字（2022）第013422号

机械工业出版社（北京市百万庄大街22号　邮政编码100037）
策划编辑：坚喜斌　　　　责任编辑：坚喜斌　李佳贝
责任校对：梁　倩　王明欣　责任印制：单爱军
保定市中画美凯印刷有限公司印刷

2024年4月第1版第5次印刷
170mm×242mm · 12.5印张 · 1插页 · 104千字
标准书号：ISBN 978-7-111-70005-0
定价：55.00元

电话服务	网络服务
客服电话：010-88361066	机 工 官 网：www.cmpbook.com
010-88379833	机 工 官 博：weibo.com/cmp1952
010-68326294	金 书 网：www.golden-book.com
封底无防伪标均为盗版	机工教育服务网：www.cmpedu.com

译者序

在《克里托篇》中宣称"重要的不是活着,而是好好地活着"的苏格拉底也曾说过"未经审视的人生并不值得去过"这样的话。的确,常常去审视、反思人生,会让我们更加懂自己、懂生命,也可以更好地去应对人生中的诸多课题。而与弗洛伊德和荣格一起并称为"心理学三大巨头"的阿尔弗雷德·阿德勒则提出"重要的不是被给予了什么,而是如何去利用被给予的东西"这一观点,并创立了"个体心理学",致力于对具有各自独特性的个体生命的研究,试图帮助人们更好地审视、完善自我,以便可以更加勇敢从容地去面对人生、活出自我。因而,更多关注个体生命独特性的"阿德勒心理学(个体心理学)"可以帮助我们更好地去认识自己、了解生命、直面人生。

本书是长年致力于阿德勒及其个体心理学研究的日本著名哲学家、日本阿德勒心理学会顾问岸见一郎尽量引用阿德勒自己的话去考察其所创个体心理学现代意义的一部力作。正如作者岸见一郎所言,本书对阿德勒思想轨迹以及阿德勒心理学理论和思想

不逃避的勇气
"自我启发之父"阿德勒的人生课

概要的追溯和阐释都尽可能地还原阿德勒的本意。故而,对于想要较为全面地了解阿德勒思想及其个体心理学的读者来说,本书不失为一个好的选择。

本书内容共分为九章。在第一章介绍了阿德勒及其著作的基本情况之后,分八章从"关于他者存在""目的论""生活方式""被娇惯的孩子""优越性追求""关于神经症""鼓励:教育和治疗""寻求人生意义"这八个方面较为全面系统地分析了阿德勒"个体心理学"的主要观点。并且,正如作者岸见一郎自己所阐明的一样,本书并非只面向专家,在写作的时候也尽量照顾普通读者的阅读需求。因此,本书虽然涉及了哲学、心理学中较为深奥的问题,但作者并未使用太多高深难懂的语言将之复杂化,而是尽量结合生活实例来进行深入浅出的分析和阐释。此外,本书的另一大特色便是在结合阿德勒著作中的原话对其思想观点加以考察的同时也尽量联系人们在生活中经常遇到的问题来进行分析并适时给出具体建议。故而,阅读本书不仅有助于我们较为全面地了解阿德勒思想及其个体心理学,更可以促使我们以此为契机来反观人生、完善自我。

本书中的"共同体感觉"可以说是理解阿德勒"个体心理学"的一个核心关键词。阿德勒说"人的烦恼皆为人际关系的烦恼""归根结底,我们的人生中看上去似乎并无人际关系以外的问题"

译者序

"个体只有在社会性(人际关系性)环境中才会成为个体"。因此,人们只有充分具备了"共同体感觉",能够视他人为"同伴",才能树立直面人生课题的信心和勇气,继而更好地完善自我、丰盈生命。

渠海霞
聊城大学外国语学院教师
北京师范大学文学院在读博士
2021 年 11 月 20 日

前 言

大阪池田市的孩子们陆续被暴徒所刺那天的事情，我至今记忆犹新。新闻播报中的信息有些错综复杂，但可以了解到有孩子遇难了。作为有孩子的父母，一想到不知道发生了什么事情而奔赴学校的父母们的心情，我就心痛不已。

该事件发生之后，我听到某位精神科医生在接受电视采访的时候说涉及本次事件的孩子即便目前没发生什么事，在人生的某个阶段也一定会出问题。

当时我就想果真是"一定"吗？孩子不久后会长大成人，然后结婚。但是，当婚姻生活无法继续的时候，会想起那时候的事情并认为自己是因为当时看到朋友倒下受到打击才导致婚姻不顺吗？

坦白地讲，倘若是婚姻生活遭遇不顺，也只能说明需要进一步改善与伴侣之间的关系，过去的经历与当下两人之间的关系状

前言

况并无任何联系。

本书中,我想引用阿尔弗雷德·阿德勒(Alfred Adler,1870—1937年)自己的话去考察他所创的心理学(个体心理学,今天一般冠以创始者的名字称其为"阿德勒心理学")的现代意义。为了掌握阿德勒心理学的理论和思想概要,希望大家参考我写的《阿德勒心理学入门》,想要深入了解阿德勒的人还可以参考我所翻译的爱德华·霍夫曼的《阿德勒的一生》。虽然这本书的内容有一些争议,但却能够详细追溯阿德勒所提出的理论及其思想足迹。

阿德勒曾经这么说:"或许有一天没有人能够想起我的名字,大家甚至都忘记了阿德勒派曾存在过,即便那样也没有关系。"

"因为,我们的思想终将会影响心理学领域的所有工作者,并内化到其行为之中。"

方方面面的人物,招呼也不打一声,就把阿德勒的诸多理论剽窃挪用了。这样的事情恐怕除了阿德勒,再也见不到第二例了。可以说,阿德勒的学说就是"共同采石场",谁都可以从那里轻而易举地挖掘出一些东西。

虽然阿德勒的观念被评价为领先于时代半个世纪,但实际上,时代似乎仍未追上阿德勒。本书聚焦于阿德勒的独特观点,以期找到解开当今教育或政治领域诸多问题的钥匙。无法从共同采石场拿走的钻石虽然坚硬，但正因为如此，才更值得我们去解读品味。

我在写作本书的时候其实有点儿迷惑，我曾思考过本书应该面向谁而写。但是，答案很快就找到了。

有一次，在纽约医师会打算只将阿德勒的思想用于精神科治疗和教导医生而不教给其他人时，阿德勒拒绝了其申请。阿德勒说："我的心理学'并非只面向专家'，而是属于所有人。"

因此，本书也并非只面向专家。不过，由于阿德勒的理论、思想非常朴素，也不怎么使用专业术语，理解起来也不是极其困难，所以，很多时候似乎反而会被误解。虽然任何一种思想都会因人而异地被赋予不同的理解方式，但作为长年学习阿德勒心理学的我还是希望尽可能地传达阿德勒的本意。

目录

译者序
前言

第一章　阿德勒：人和著作 / 001
　　普通人 / 003
　　关于写作 / 004
　　阿德勒的实践 / 006
　　世界的变革 / 007

第二章　关于他者存在 / 009
　　人无法独自生存 / 011
　　如何理解他者 / 011
　　同伴关系 / 015
　　他者贡献 / 016
　　整体的一部分 / 018

共同体感觉 / 019

"共同体感觉"之译 / 022

理想主义者阿德勒 / 029

第三章　目的论 / 035

人活在赋予了意义的世界 / 037

目的论和原因论 / 042

作为科学的个体心理学 / 047

第四章　生活方式 / 051

面向目标的活动 / 053

目标追求 / 054

个人的主体性 / 056

遗传和器官劣等性 / 059

兄弟姐妹关系 / 060

亲子关系 / 062

文化影响 / 063

改变生活方式 / 064

第五章　被娇惯的孩子 / 065

并非缺乏关爱 / 067

抵触自立 / 070
成年之后的被娇惯的孩子 / 074
具有被娇惯的孩子生活方式者的婚姻 / 075
俄狄浦斯情结 / 077

第六章　**优越性追求** / 081
作为普遍性欲求的优越性追求 / 083
个人性的优越性追求 / 084
善之终极目标：善之金字塔 / 087
错误方向的优越性追求 / 089
正确方向的优越性追求 / 093

第七章　**关于神经症** / 095
神经症式的生活方式 / 097
神经症式的生活方式的起源 / 098
神经症的逻辑 / 099
关于打击 / 102
高于神经症的痛苦 / 106
如果仅仅是美好意图 / 107
被排除的幸福 / 108
世界形象与自我中心性 / 109

面向未来的原因论 / 110

第八章　鼓励：教育和治疗 / 113

教育 / 115

育儿和教育方针 / 116

不批评 / 118

不娇惯 / 119

保持平等 / 120

不表扬 / 122

鼓励 / 125

正是由于认为自己能做到所以才能做到 / 127

对被娇惯孩子的鼓励 / 131

不剥夺贡献的机会 / 132

贡献感 / 133

引导孩子视他人为同伴 / 133

治疗中的鼓励 / 134

关心他人 / 135

作为同伴对峙 / 136

第九章　寻求人生意义 / 139

我能做什么 / 141

目 录

保持现状就可以吗 / 141

从他人视角来讲 / 143

不必刻意营造自己的优越感 / 145

不可只知索取，还要懂得给予 / 147

去贡献 / 148

不逃避人生课题 / 149

任何时候都能够保持自由 / 153

责任 / 155

由自己决定 / 157

聚焦目标 / 159

就在这里跳吧 / 162

作为现实活动态的生命 / 164

关于死亡 / 167

现在就能获得幸福 / 172

不迷失与人生之间的关联 / 174

乐观主义 / 179

享受人生 / 180

后记 / 183

第一章

阿德勒：人和著作

普通人

阿德勒的朋友、跟阿德勒学习个体心理学的作家菲利斯·博顿在见到阿德勒之前想象着其是"苏格拉底一样的天才"(《阿德勒的一生》)。但是,阿德勒只不过是一个普通人。菲利斯·博顿当时对并未说出什么惊人之语的阿德勒深感失望。

但是,就是这位期待阿德勒像苏格拉底一样,结果却大失所望的博顿,对阿德勒的最初印象后来发生了颠覆性的变化。

博顿用来比喻阿德勒的苏格拉底曾在雅典与青年进行讨论,这与阿德勒并不在大学这种学术性场所而是在街市中发展自己的思想的情况一样。阿德勒在结束一天的诊疗之后,常常在咖啡馆与朋友讨论问题到深夜。从没有人看到阿德勒在夜里十二点前离开。

虽然博顿说阿德勒并未说出什么惊人之语,但这一点正好与苏格拉底很像。阿德勒的著作也很少使用专业术语,即便是那些没有基础知识的人读起来也不会觉得太难。

苏格拉底在与青年讨论哲学的时候，并不会使用什么特别的语言，而仅仅使用日常化的语言。对于苏格拉底来说，讲话的重点不在于有说服力或者是措辞华丽。苏格拉底关心的事情只有一件，即是否讲出了事实。

"至于措辞……请忽略过去。请大家只关注我说的话是否正确，并好好去思考它。"（《苏格拉底的申辩》）

措辞华丽但讲一些空洞套话的人今天也有很多，对于这样的人，苏格拉底当时毫不留情地让他们认识到了自己的无知。遭到如此对待的人自然是很不愉快，苏格拉底也因此被告发，并最终被判死刑。读完《阿德勒的一生》我们会发现，阿德勒的性格特征被数次描述为爱打架，这里的意思与其说是阿德勒喜欢真实地与人打架，不如说是指阿德勒爱向辩论对手提出像苏格拉底一样的尖锐问题。

关于写作

阿德勒是一位擅长即兴演讲的人，但在写作方面却没有固定的风格和体系。阿德勒关心的是心理治疗和在小型讨论小组中的

第一章
阿德勒：人和著作

讲解或讨论，因此，他似乎并不太关心留存下来的出版物。这一点也与并未留下著作的苏格拉底相同。今天，我们要想了解苏格拉底的思想，只能去阅读柏拉图等人的文献，柏拉图在《对话篇》中忠实传达了苏格拉底的思想。阿德勒的思想并未被充分加以整理，他的著作多少也存在一些编辑方面问题，但他确实给我们留下了很多著作和论文。

说出来的时候能够生动理解的东西一旦变成书面文字往往就会欠缺明了性和准确性。倘若是口头语言，也许还可以借助声调、语调、姿势或者笑容去理解，但书面文字根本传达不出这些信息。那些听起来能够充分理解的事情一旦用书面文字表达出来，有时候会令我们不明其意。

为什么会这样呢？因为，阿德勒的许多著作都是基于讲座笔记整理而成的，而且，时常是由其他人编辑出来的。并且，面向不同听众的多个讲义或报告会被整理在一起，即使同一本书中也会有很多处内容重复的地方。

我认为这属于编辑方面的问题，例如，在《个体心理学讲义》的第一章便突然不加说明地使用了"共同体感觉"一词。本书希望尽量避免此类事情的发生，故而，一开始先对基本性的思想观点加以说明。

即便不是像共同体感觉这样不加说明便直接使用的情况，阿德勒的著作中也会时不时地出现定义使用不够严谨的问题。虽然这样的事情会对读者造成一定的困扰，但也可以认为是，比起记住词语的定义，去关注其在上下文中的具体意义也许更加重要。即便是给出了定义，我也不想仅仅依靠定义去理解这些词语，而更愿意根据阿德勒的说明在上下文关系中去理解。

阿德勒的实践

读书时，仅仅理解语言之意并无太大意义。有时我们或许能够理解书中所写的东西，但那种理解也只是在头脑中想象着描绘地图，而唯有真实地走一走地图中所标记的路才有意义。

无论是谁，都不得不承认阿德勒确实实践了自己的学说。阿德勒的儿子库尔特·阿德勒说自己的父亲"与只是坐在扶手椅上追求观念的知识分子完全相反"。（《阿德勒的一生》）这样的事情听起来也许会觉得很普通，但能够实践自己学说的人似乎格外少。

据博顿讲，阿德勒曾说自己创立的心理学并不仅仅是理论，还是一种"心灵态度"。正如阿德勒实践了自己的学说，我们也

第一章
阿德勒：人和著作

不能仅仅将其作为理论去学习，因为，倘若不在生活中去实践阿德勒的学说，那就没有任何意义。在这一点上，苏格拉底也是一样的。苏格拉底在《克里托篇》中说："重要的不是活着，而是好好地活着。"苏格拉底被以带给青年恶劣影响为由起诉，并判处死刑。倘若仅仅是活着的话，苏格拉底或许并无必须留在狱中的理由，而从当时的情况来看，他也不是不可能越狱。

阿德勒自己也说："心理学不是一朝一夕能够学会的科学，必须边学习边实践。"（《儿童教育心理学》）。

世界的变革

阿德勒想要将这个世界变得更加美好。改变世界是带给阿德勒很大影响的马克思的意图，马克思说："哲学家们只是用不同方式解释世界，而问题在于改变世界。"（《关于费尔巴哈的提纲》）

此外，阿德勒之所以要当医生，也是为了将其作为拯救人类的手段（《阿德勒的一生》）。阿德勒希望通过从事医生这一职业去改变这个世界，而不是想要借此积累个人财富。

不逃避的勇气
"自我启发之父"阿德勒的人生课

不过，就像接下来我们马上要看到的一样，阿德勒并不是认为仅仅改变世界就可以了。阿德勒说："在抱有错误看法的时候，心理学几乎不起任何作用。"（《儿童教育心理学》）他并不是说仅仅进行治疗、变革世界就可以了。实践还必须有坚定的理论做支撑。

阿德勒最初对政治抱有浓厚兴趣，但看到政治现实后，阿德勒不再想通过政治改革来拯救人类。之后，阿德勒开始将目标投向基于育儿和教育的个人变革，但其与曾在维也纳精神分析学会共过事、后来因为学说方面的分歧而分道扬镳的弗洛伊德不同，虽说是形式上与最初之时有些差异，但阿德勒确立了改变世界这一实践性目标，比起研究，其一生更多的是致力于治疗、育儿、教育，并精力充沛地在世界各地进行演讲活动。

关于他者存在

人无法独自生存

心理咨询的主题大多与人际关系有关。阿德勒说："人的烦恼皆为人际关系的烦恼""归根结底，我们的人生中看上去似乎并无人际关系以外的问题"。人并不是一个人独自活着，而是活在其他人中间。一个人无法构成"人间"。"个体只有在社会性（人际关系性）环境中才会成为个体"。

就像后面我们将会看到的一样，阿德勒采用的并非是原因论而是目的论，而人的行为或症状的目的则与人际关系密切相连。神经症也并不是由于脱离了与他人之间的关系才会发生。

如何理解他者

倘若人是一个人独自活着，就不会有任何问题。想要做什么都没有人会阻止，在一个人独自生活的世界里也可以说没有什么善恶之分。但是，实际上，我们活着就无法不去考虑他者的存在。虽然如此，这个世界上是否存在跟我一样的他者这个问题还是困扰了我很长时间。也许他者仅仅只存在于我的世界之中，可以说只不过是像我的影子一样的存在。我曾一直这么想。

直到站在我眼前挡住去路的人出现了。这时，我才意识到我的世界并不是只由我来完成，完全独立于我的意志之外的他者也会介入到我的世界之中。

但是，也并不是说他者就一定会否定性地介入到我的世界之中，我也可以借助与他者之间的关系来发现自己。

突然感觉有人在看自己，回头一看，原来是人体模型。知道不是真人，就会放下心来。但是，倘若那是一个真实的人，自己就会感觉难为情。这是为什么呢？因为，"我"是作为"他者的他者"而存在的。我会对他者做种种想象。故而，一想到他者也会对我做种种想象，便会觉得难为情。在他者身上发现了与自己相同的主观性。他者并非只是映照外部世界的镜子，而是会对映照过来的事物加以认识、理解、感受、思考的存在。正因为感到自己被这样的他者盯着看，才会觉得难为情。

我们不能忽视这样的他者，但倘若非要去忽视的话，就只能在某种意义上抹杀其存在。其实，正因为有他者存在，才会有人

第二章
关于他者存在

想要努力忽视其存在。

波多野精一（日本宗教哲学家）如此解释"人格"的成立。靠窗注视路过的行人。这时候，映入眼中的人虽然被称为"人"，但严格说来，他们并不是"人"，而是"物"。

但是，如果有一个人停下来开始说话，此时"人格"才会产生。"他的身影已经不再是单单被注视的客体。那是已经开始交谈、互相产生了实践性关系、做出行动的主体表现。'人格'随之形成。"

人不能脱离这种与他者之间的关系而独自活着，人的言行也并不是在无人的真空中进行。并且，阿德勒考虑到了言行指向的"对象"。即便是一般被看作心（中）之症状的神经症，阿德勒也认为其症状存在指向对象。

虽然如此，依然有人想要否认他者的存在，或者，即便承认他者存在，也还是认为世界是在以自己为中心旋转的。就像我们在后面将会看到的一样，被娇惯的孩子或者神经症患者往往会这样去看待自己和世界之间的关系。阿德勒说"对自我的执着"是个体心理学的中心批判点。像这样看不到他者的存在，认为自己就是世界中心的人相当不好对付。

一个人如何看待他者，据此，人际关系的状态或许会发生很大变化。这一点从与人说话的时候眼睛是否看着对方之类的事情中也可以明白。阿德勒说无法直视大人的脸的孩子往往具有不信任感。这倒也并不是因为有恶意，不过，移开视线这一点即便是片刻的事情，也表示想要避开自己与他人之间的联系。

呼喊孩子的时候，观察孩子会来到离自己多近的地方也可以明白孩子如何看待他者。很多孩子会站在有一定距离的地方，先观察一下状况，再考虑是进一步靠近还是远离。

语言也是以他者的存在为前提的。假若只有一个人独自生活，就不会需要语言。如果是独自一个人的话，逻辑或许也就不需要了吧。但是，倘若与他者一起生活的话，就不能使用只有自己懂的语言，必须借助语言、逻辑和常识与他者交流。自我中心主义者所具备的往往不是常识而是个体认知。如果没有常识，交流就根本不会成立。个体认知毫无意义，真正的意义唯有在与他者的交流中才可能产生。

阿德勒认为，人在生活中必须与之产生联系的他者不是敌人而是"同伴"。同伴这个词的德语是 Mitmenschen，阿德勒根据这个词还创造出了与阿德勒心理学中共同体感觉（Gemeinschaftsgefühl）意义相同的 Mitmenschlichkeit 一词。该词的意思是"同伴"，即人和人（Mitmenschen）相联系（Mit）。这个词的反义词是 Gegenmenschlichkeit，意为人和人相对立（Gegen）。

第二章
关于他者存在

同伴关系

阿德勒积极肯定他者的存在，并视他者为自己的"同伴"。因为人无法事事都自己做，所以必须接受他者的援助和合作。此外，阿德勒还认为人不可以仅仅一味索取，还要去给予。

为了能够做到这一点，就需要视他者为同伴而非敌人。但是，有的孩子却感觉他者是敌人，认为自己"住在敌国之中，总是处于危险之下"（《个体心理学讲义》）。孩子之所以会这么想的主要原因就是父母与孩子的相处方式（这一点后面再详加论述），另外就是"孩子能够避免外界的影响"（《儿童教育心理学》）。不过，阿德勒认为人对外界的影响并不是被动性地做出反应，而是要尽可能地不受不良因素的影响。看到最近将孩子牵连其中的事件报道，我很害怕孩子会因此将他者视为敌人。

这些报道有时候会带给一无所知的孩子一些关于人生的歪曲看法。孩子会认为我们的人生充满了犯罪或事故。事故报道对孩子的打击特别大。我们从大人们的发言中能够看出儿时的火灾是多么可怕，这种恐惧感又是怎样地令他们烦恼不已的。

这些报道是与那些不面向大人，而是站在孩子的视角，面向孩子的特别报道相对而言的。阿德勒说："不可以过分煽动人们的不安情绪"。倘若说外面的世界很危险，那就会让本来就不想外出的孩子找到真的可以不到外面去的理由。实际上，即使不到外面去，孩子也不愿积极地与人打交道。的确，这个世界并非"充满希望的世界"，也不可能没有任何事故、事件或灾害。为了确保孩子的安全，大人必须进行必要的预防。但是，尽管如此，我们还是应该帮助孩子建立犯罪、事故和灾害乃平常之事之类的想法。虽然发生了令人痛心的事件，但还要孩子知道也有一直守护他们安全上下学的人，希望孩子能够将这样的大人视为同伴。

他者贡献

"人生就意味着不断地对全体做出贡献……人生的意义就在于贡献、关心他人与合作。"

阿德勒说人生的意义就在于贡献、关心他人与合作，但也有人对此存在异议。有人说，人或许首先应该考虑自己。因为，倘若一味地考虑他人，为他人利益着想的话，自身利益也许就会受损。阿德勒说这样的想法是一个极大的错误。如果人生活在真空之中，

第二章
关于他者存在

在没有人的地方随意发挥自己的个性,这样的想法或许也不是不可能,但就像前面已经看到的一样,人并不是一个人独自活着。

但是,阿德勒也并非劝大家自我牺牲。的确有人为了他人而牺牲自己的人生。阿德勒称这样的人为"过度适应社会的人"。当然,这并不是批判自我牺牲式的行为或活法,这样的行为或活法的确很美好,但我们不能劝他人这么做。看到从车站站台跌落到轨道上的人,虽然我们会觉得必须要去救助他,但或许谁都无法去责备那些只会吓得两腿发软的人。

"给予"是一项重要的素质,但不可以过度。

"倘若人真的想要关心他人并为公共目的考虑,首先必须能够照顾好自己。如果给予具有某些意义的话,那就是给予者自身必须具有能够给予别人的东西。"

但是,即使说贡献、合作很重要,也还是有人认为不能这么做。有的孩子只关心自己,认为外界充满了困难,并视他人为自己的敌人,也有的孩子被教导说"就要只考虑自己"。这样的孩子并不去想使自己与周围的人保持和谐。因为非常在意自己,所以就无法去考虑他人。关于为何会导致这种情况发生,我们在第五章会进行说明,但即便如此,阿德勒还是积极主张为他者做贡献。

就像前面已经看到的那样，阿德勒说"人的烦恼皆为人际关系的烦恼"，我们在生活中无法避免与他人打交道。今天，人们的活法多样化了，因此不可以一概而论，但一般而言，大家也还是必须要经历上学、就业、交友、恋爱、结婚、生子这一系列的事情。阿德勒称这样的事情为"人生课题"。

可是，就像前面看到的一样，倘若视他者为敌人，或许就会不愿去面对这样的人生课题。因为，任何人生课题归根结底都是人际关系。

整体的一部分

拥有自己的位置和归属感，是人最大的欲求。希望大家能够视他者为同伴，可以在共同体中找到自己的位置。阿德勒经常使用的"整体的一部分"这一表述，意思就是有归属感、贡献感。人往往会去思考如何才能成为整体的一部分。但是，既有人认为离了自己他人也许无法做好事情，也有人试图用不当的方法在集团中寻找自己的位置。

阿德勒在维也纳开设的儿童指导中心，常会有孩子和父母来

第二章
关于他者存在

进行心理咨询。这种心理咨询往往会公开进行。在听众面前进行心理咨询，这在阿德勒派的心理咨询中并不少见。因为，阿德勒派认为，通过倾听他人的心理咨询，可以注意到其与自身问题的共通性，并能够借此找到解决问题的方法。

但在当时，公开进行心理咨询这一做法被批判说对孩子和父母有害。实际上，这一做法使得站在很多听众面前的孩子深受感动，觉得他人与自己产生了共鸣并关心自己。"通过这一切的事情，孩子比之前更想要成为整体的一部分"。

孩子之所以会产生这种感觉，正是因为能够视他者为同伴。从"比之前更想成为整体的一部分"这一表述也能看出，正因为孩子能够产生这种感觉，也才会因此而想要为他者做出贡献。

共同体感觉

前文已经讲过，菲利斯·博顿在见到阿德勒之前期待其是"苏格拉底一样的天才"，但却对只不过是一个普通人且并未说出什么惊人之语的阿德勒深感失望，可是，博顿对阿德勒的最初印象后来却发生了颠覆性的变化。阿德勒曾作为医师参战，在被问到

不逃避的勇气
"自我启发之父"阿德勒的人生课

对战争有什么印象时,他强烈批判了支持战争的故国。

"我们都是同伴。无论哪个国家的人,只要是有良知者都会产生与此相同的感觉。这场战争是对我们的同胞有组织的屠杀与拷问。为什么就不能对此表示反对呢?"

阿德勒还谈论了自己作为医师所目击到的恐怖和痛苦,以及澳大利亚政府为了让市民支持继续战争而制造的一系列谎言。

听了阿德勒的讲话,博顿已经不再认为阿德勒是普通人。"我所看到、听到的让我明白阿德勒是一位伟大的人。"

阿德勒作为军医参加了第一次世界大战,但在服兵役期间的休假中,他于熟悉的旅行咖啡馆在朋友们面前首次提出了"共同体感觉"这一观念。

在思考着为什么不能反对作为有组织的杀人和拷问的战争这一问题的时候,阿德勒突然(他的朋友是这么觉得)开始使用"共同体感觉"(Gemeinschaftsgefühl)这个词语。前面我们已经考察了 Mitmenschlichkeit 这个词,而作为词语,Gemeinschaftsgefühl 更具普遍性。

但是,由于提倡这种共同体感觉,阿德勒失去了很多朋友。

第二章
关于他者存在

基于价值观的想法并非科学。但是,声称个体心理学是价值心理学、价值科学的阿德勒说共同体感觉是"标准化的理想"。之所以需要这样的理想,是因为阿德勒认为自己绝不是在劝导人们去适应社会,个体心理学也绝不是社会适应心理学。《儿童教育心理学》一书中引用了普洛克路斯忒斯之床的故事。据阿德勒所言,社会制度是为了个人而存在的,但反之并不亦然。的确,为了个人获得救赎,人们必须拥有共同体感觉,但这并不意味着就要像普洛克路斯忒斯的做法一样硬让个人睡在社会这张床上。

共同体感觉中的"共同体"也是"无法达到的理想",并且,阿德勒没有在任何地方说过共同体是现有社会。这里所说的"共同体"是目前自己所属的家庭、学校、工作单位、社会、国家、人类等一切,是指包括了过去、现在、未来的一切人类以及有生命者与无生命者在内的宇宙整体。这并不是说人们必须去适应现有社会。

不但如此,人们有时还必须要对现有的社会观念或常识断然说不。在被迫对纳粹表态时,很多表示反对的人在集中营中被杀害。阿德勒派也曾一度消失。

不逃避的勇气
"自我启发之父"阿德勒的人生课

"共同体感觉"之译

阿德勒在把德语的 Gemeinschaftsgefühl 译成英语时，将其翻译成了 social interest，这颇具深意。这个共同体感觉中的"共同体"就像前文所述，它并非指现有社会。social interest 这一译语的意思并不太强调与共同体之间的联系，而将重点放在对 social 也就是人与人之间的关系的关心（interest）、对他者的关心方面。

Gemeinschaftsgefühl 也被译成 communal sense，social sense 等，但据说阿德勒最喜欢的还是 social interest。该译语的优点在于"'关心'（interest）比感情（feeling）或'感觉'（sense）更接近于行为"。这个译语比起作为被动者的个人（reactor），更加强调作为行为者（actor）的个人。

相当于"关心"的英语 interest 在拉丁语中是 inter esse（est 是 esse 的第三人称单数形式），也就是"在××之中或者之间"的意思。"关心"也就是指在对象和自己"之间"（inter）"具有"（est）关联性。当对方的事情并非与自己无关而是有关联性的时候，

第二章
关于他者存在

就可以说自己对那个人抱有关心。

我把《个体心理学讲义》中的"(they) cease to be interested in others"这句话翻译成"不具备共同体感觉",意思就是"不关心社会"或者"不关心他人"。也就是说,不关心他人,只关心自己。与此相反,如果个体主动去关心他人,那就意味着其具备共同体感觉。

阿德勒讲得非常质朴,他再三向只知道关心自己的人说明关心他者的重要性。倘若用共同体感觉的英文译语进行说明的话,那就是,必须将 self interest(关心自己)转变成 social interest(关心他者)。这种对他者的关心就是共同体感觉。当阿德勒说教育就是培养共同体感觉的时候,意思就是让只知道关心自己的孩子将其关心转向他者。

对于孩子来说,母亲是其在这个世界上遇到的第一个人。这个人是怎样的人,对孩子来说非常重要。坦白来讲就是,在孩子眼里,母亲是同伴还是敌人。在无视或憎恨中长大的话,孩子会认为母亲是敌人。如果被娇惯着长大的话,孩子或许会视母亲为同伴,但那样的母亲也许不会去告诉孩子这个世界上除了母亲自己以外孩子还有其他同伴。但是,这个始于母亲和孩子、我和你的世界并不能只由两个人来完成。

共同体感觉是用来衡量一个人能否认可他者存在、对他者抱有多大程度关心的标准。进一步讲就是，心理健康者所关心的是自己能够为他者做什么，而不是他者能为自己做什么。

也有人仅仅视他者为被注视的客体甚至是"物"，而非"具有人格的人"。杀人者毫不理会自己要杀的人发出的"不要杀我"的呼喊，将要被杀的人或许会用惊恐的眼神盯着杀人者。看着这样的他者的脸时，我认为具备共同体感觉的人根本不忍心去杀人，但用阿德勒的话来讲，有的人根本不具备站在他人立场去思考问题的"共情"能力。

阿德勒很重视"共情"。为了能够产生共情，个体必须去关心对方所关心的事情，将自己视为对方，设想如果是自己遇到相同的情况会怎么做。在这个意义上来讲，产生共情并不是一件容易的事情，但其却是具备共同体感觉的基础。阿德勒说可以将"用他人的眼睛去看，用他人的耳朵去听，用他人的心去感受"视为共同体感觉的定义。杀人者就欠缺这种作为共情能力的共同体感觉。

以上所讲并不止于个体间的杀人。阿德勒说战争是"为了进步和拯救文化所必须废止的人类最大的灾难"。我们在前文中已经看到，阿德勒在服兵役期间的休假中谈到共同体感觉的时候曾经质问为何不能反对"作为有组织的杀人和拷问的战争"。

第二章
关于他者存在

阿德勒所反对的战争之所以持续不绝，或许就是因为发动战争的人想象力不足或者欠缺所致。打仗时集束炸弹碎片满天飞。并且，这些炸弹碎片会不容分说地刺向人们。只要想象一下这种地狱般的情景，发动战争的人也许就无法投下集束炸弹吧。在战争中，不断有"这个人"或"那个人"死去。但是，如果能够看到对方的脸，就无法进行战争。据说发射导弹的士兵会接受相关训练，以便不去想起导弹所造成的这个人或者那个人的死亡场面。这是有意识地消除人的想象力或共情能力，不参加战争的人实际上也避免不了大量流血，但在不断见闻遮蔽了血腥气之后的报道中，人原本应该具有的能力会被完全麻痹掉。

但是，也会有人反驳说，话虽如此，可一旦到了战场上，攻击敌人属于命令，士兵并不能违抗。这正是阿德勒自己曾遭遇过的处境。

第一次世界大战时，阿德勒在陆军医院工作，他必须判断住进医院的患者出院后是否能够再次去服兵役。有一位后来在梦里经常困扰着阿德勒的病人提出希望他能够免除自己的兵役，但阿德勒最终判断这位强健的患者能够从事哨兵工作。

"为了某个人不被送到危险的前线，我已经做出了很大努力。在梦中，我时常浮现自己杀了某个人的念头。但是，又不知道自己究竟是杀了谁。于是我便苦苦思索'究竟是杀了谁呢'，精神状态也随之变差。实际上，我只是用自己已经尽了最大努力为那

不逃避的勇气
"自我启发之父"阿德勒的人生课

个士兵做了最有利的安排来让其避免死亡这样的想法来麻痹自己。梦中出现的情绪就是为了促成这种想法，但当我认识到梦只是一种借口的时候，我就完全不再做类似的梦了。因为，倘若基于逻辑（而非梦境）的话，就没有必要为了做什么或者不做什么而欺骗自己了。"（《个体心理学讲义》）

作为神经症的一种类型，阿德勒谈到了战争神经症。阿德勒认为，战争神经症往往发生在原本就具有精神问题的人身上。阿德勒说战争是毫无意义的荒诞之举，后来还谴责了发动战争的澳大利亚政治家，并认为面对社会义务表现怯懦的人往往容易患神经症。关于神经症，我想在后文详细论述，阿德勒认为"所有类型的"神经症都是弱者的行为，战争神经症也不例外。

阿德勒说弱者无法让自己去适应"大多数人的想法"，于是便通过神经症这种形式来采取攻击性的态度。阿德勒在这里所讲的所有类型的神经症自然也包括战争神经症在内。

就像我们在后文将会看到的一样，即便神经症患者在课题面前试图逃避，但战争神经症患者要面对的却是战争。也许我们应该区分出不可以逃避的课题与允许逃避的课题。

如前所述，阿德勒首次谈到共同体感觉是在战争期间，战后，阿德勒对这种共同体感觉被误用一事进行了谴责，论述了其在处

第二章
关于他者存在

理集体罪责中的"另一面"。其中，阿德勒明确指出将罪责加于士兵或服兵役的人身上是错误的行为。

尽管阿德勒认为不应该将罪责加给普通士兵，但他却必须在战争中将神经症患者再次送上战场。可是，这种做法也许会杀死患者，但"沉湎"于自己始终要忠实于军医职责这一想法的阿德勒却时常会做前面讲到的那种梦，而不沉湎于梦境能够进行逻辑性思考的阿德勒不再把共同体感觉中的"共同体"或者前面讲到的整体的一部分中的"整体"与现实的共同体混为一谈，能够冷静、准确地判断战争神经症以及战争神经症患者的待遇了。

通常，人都属于多个共同体。倘若现属直接共同体的利害与更大共同体的利害发生了冲突，人们也许应该优先考虑更大共同体的利害。当必须决定战争神经症士兵的待遇时，如果考虑到超越国家层面的共同体的利害，也许就不能仅仅因为病愈便将其送回战场了。

如此一来，有时就必须要对共同体有要求，也就是在这个案例中人们应该对为了国家而战的要求勇敢说不了。善恶必须视具体状况而定，任何情况下都不能轻率地判定某件事一定是善或者恶。关于这一点，还需要另加论述，此处想要强调的一点是，阿德勒所说的共同体并非现实共同体，因此，无条件地视服从国家命令为善之类的事情与共同体感觉没有任何关系。

不逃避的勇气
"自我启发之父"阿德勒的人生课

我在这里还忍不住想起了苏格拉底讲过的一件事情。公元前404年,雅典投降,长达27年之久的伯罗奔尼撒战争结束。随后,反民主派的三十人僭主政权确立。该政权的主要成员是柏拉图的亲戚,因此,这对于此时23岁的柏拉图来说似乎是从政的绝好机会。

但是,该政权以斯巴达的势力为后盾成了独裁政权。恐怖政治形成,他们将反对派或有此嫌疑的人相继逮捕并处刑。

三十人僭主政权将苏格拉底与其他4个人一起传唤过来,命令他们强行带来无罪的、位于萨拉米斯的里昂并将其处死。此时,苏格拉底是怎么做的呢?其他4个人去萨拉米斯带来了里昂,但苏格拉底拒绝这一不正当的命令,独自返回家去了。

"我是通过行动而非语言再一次表明了这件事。也就是说,我对于死亡——倘若不说得太过粗鲁的话——毫不在意。绝不做不正义之事,这是我唯一在意的事情。"(《苏格拉底的申辩》)

三十人僭主政权在成立的第二年便被民主派的武力抵抗团摧毁,但苏格拉底说倘若不是该独裁政权很快倒台,自己也许就被杀了。虽然时而会被误解,但苏格拉底不会不假思考地接受国家的命令。

之后,虽然民主政权在雅典复活,但苏格拉底却正是被以该

第二章
关于他者存在

民主派权威人物安虞多为后台的梅雷多所告发。并且，苏格拉底最终被判处死刑。曾拼命守护过遭遇亡命厄运的民主派同伴里昂的苏格拉底、曾被誉为正义之士的苏格拉底却以国法之名被处死。苏格拉底说"绝不做不正义之事"时的正义并不等同于国家的正义。

西塞罗曾讲过这样一个故事：当被问到打算当哪个国家的人时，苏格拉底回答说自己是"世界人"。（《图斯库路姆论辩集》）需要注意的是，苏格拉底虽然属于现有国家（古希腊的城邦），但其并不认为遵守那里的法律重于一切。

理想主义者阿德勒

对于主张共同体感觉的阿德勒来说，战争意味着使人和人反目（gegen），与共同体感觉正相反。

我在查阅阿德勒的生涯时感到不可思议的是，尽管阿德勒在战场目睹过悲惨的战争现实，但他却依然能够提出共同体感觉这一关于人的乐观看法。阿德勒即便看了战场上人们的种种愚蠢行为，但其似乎也从未动摇过这种看法。

阿德勒认为，即使共同体感觉并没有实际达成，但因为其是标准性的理想，人们也应该以此为目标。再怎么去关注杀人或战争等人类的阴暗部分，也无法借此将其消除。因为，阴暗并非作为实体而存在。那么，怎么做才好呢？这就是解开阿德勒为何会在战争期间想到共同体感觉思想这一问题的关键。

阿德勒将工作基地迁到美国之后，接替了阿德勒在维也纳工作的莉迪亚·基哈引证了亚里士多德的"人是社会性动物"这句话，并说人都与其他人相联系，自己做的事情也与整体有关联，每个人都处在与他人相互合作的关系之中。人无法脱离世界而存在，无论以什么样的形式，总会给世界带来影响。

例如，往池塘里投一个小石子，即使当时激起的波纹很快会消失不见，但其影响却会持续下去。人是"整体的一部分"，不能脱离世界独自活着。人得接受世界的给予，自己一个人无法获得幸福。为了自己能够获得幸福，人必须去考虑整体的幸福。我们必须不断思考自己能够为世界做些什么。

从这些意义来讲，人生活在整体之中，又会给整体带来影响，自己和世界处在相互合作的关系之中，是整体的一部分。基哈将人对这一点的察知称为社会意识（social consciousness）、社会觉醒（social awareness）。这与阿德勒所说的共同体感觉是一致的。

第二章
关于他者存在

具有这种共同体感觉的人往往会协作与贡献。基哈认为人天生具有协作意识。我认为使用天生这个词有问题。我无法认同人什么都不做就能够学会协作。阿德勒说共同体感觉并非与生俱来，而是"必须有意识培养的先天潜能"。即便是潜能，是否具有先天性似乎依然存在疑问。基哈之所以说这种感觉需要培养，也考虑到了这一点。基哈说个体心理学"假定人一开始便努力踏向协作之道"。

另一方面，关于竞争，基哈提出了以下观点。以达尔文所讲的竞争为前提的适者生存思想与作为人生第一法则的协作正相反。实际上，就像达尔文自己也注意到的一样，动物比起单独行动，成群结伴更利于生存。基哈甚至说虽然人既可以协作也可以不协作，但协作却是天生的潜能，也是事实，不协作在本性和生物学方面都行不通。

我希望大家特别去注意一下基哈所说的这一点，那就是，竞争虽是常见之事，但并不正常，作为最激烈竞争的战争并非人之本性。

不可以因为是常见之事便认定其正常。如此想来，或许也就能明白阿德勒在战争期间提出共同体感觉这一思想根本没有什么不可思议之处了。倘若借用基哈的话来讲，那就是，战争也许是常见之事，但那并非正常状态，也不是人之本性。

不逃避的勇气
"自我启发之父"阿德勒的人生课

阿德勒指出,"万人对万人的战争"是一种世界观,但其并不具备普遍妥当性。这句话出自霍布斯的《利维坦》,为人们所熟知。人都具有自我保存欲,往往试图胜过他者,追求自己的权利和幸福。霍布斯称此为"自然状态"。

但是,对阿德勒来说,这种"万人对万人的战争"即便是一种世界观,但其并不具备普遍妥当性。阿德勒认为协作才是人的本来状态,而非争斗或竞争。阿德勒说,人生是朝向目标的运动,"活着就是不断进步",人应该追求的目标必须导向永恒状态下人类整体的进步。

我在这里看到了阿德勒作为理想主义者的一面。理想主义者并非无视现实,而是在现实的基础上努力去超越。不被动地去肯定现实中随处可见的竞争及作为其极端形式的战争,这一点作为阿德勒的基本思想观点值得我们学习。

竞争的最极端形式就是战争,如果阿德勒反对这种战争的话,模仿基哈的话说就是,即便协作不是常见之事,但也必须作为正常状态被加以肯定。

有观点认为当理想距离现实太远的时候,提出理想就没什么意义。但是,理想原本就应该与现实不一致。假设有一条法律规定不许夜里去偷邻居家的鸡。倘若没有一个偷盗之人,就不需要

第二章
关于他者存在

这样的法律。正因为有人从邻居家偷盗,惩罚这种人的法律才有存在意义。法律和现实不一致是理所当然的事情,正因为不一致,惩罚那些人的法律才有存在意义。

正因为阿德勒目睹了战场上的悲惨现实,并且,也因为他认为这种思想会带给现实以强烈影响,才会最终产生作为理想的共同体感觉思想。

目的论

人活在赋予了意义的世界

人并非都活在相同的世界，而是活在自己赋予了意义的世界。我们来看一段阿德勒以童年境遇为例来说明这一点的文章。

举一个很单纯的例子，即童年时代的境遇常常会被赋予不同的解释。童年时代的不幸经历，也许会被赋予完全相反的意义。

例如，有的人不再去拘泥于那种不幸经历，认为今后的生活中能够对其加以回避。并且，也许有的人还会认为"必须努力消除这类不幸境遇，让我们的孩子过得更好"。

但是，有着相同经历的人或许会认为："人生太不公平，他人总是那么顺风顺水。既然世界如此待我，我就必须要加倍奉还！"很多父母谈到孩子之所以会说"我小时候吃了很多苦，我都闯过来了，孩子也应该这么做"，就是这个原因。

第三类人也许会这么想："因为我经历了不幸的童年，所以，无论做什么都应该被原谅。"

不逃避的勇气
"自我启发之父"阿德勒的人生课

无论哪种情况，他们如何去赋予人生意义，我们都能够从其行为中看出来。并且，只要他们不改变这种解释，也许就根本不会改变行为。

仅仅读到上面这些话的时候，我所产生的疑问是：对过去经历的解释如此因人而异，那是不是任何一种解释都具有相同的资格呢？

阿德勒接着说了下面的话。

"个体心理学超出决定论的地方就在这里。无论是什么样的经历，其本身既不是成功的原因也不是失败的原因。我们并不是苦恼于自身经历所造成的打击——所谓的精神创伤，而是从经历中发现符合自己目的的东西。我们并非由自身经历来决定自己，而是根据赋予经历的意义来决定自己。因此，当个体认为特定经历是未来人生基础的时候，恐怕就已经在犯着某种错误了。意义并非由境遇决定，我们往往是根据自己赋予境遇的意义来决定自己的。"

希望大家注意一点，那就是，阿德勒在这里使用了"决定论"一词。有某件事情为因，就势必会造成某种结果，我们将这种想法称作原因论，但认为并非人人都有着相同经历的阿德勒无法接纳原因论。本来，成为原因的事件并非对谁都一样，不同的人会有着不同的理解。也就是"无论是什么样的经历，其本身既不是

第三章
目的论

成功的原因也不是失败的原因"。

希望大家也要注意"目的"（purpose）这个词。当经历可能成为心灵创伤（trauma）的事件时，我们会从这种经历中找出符合自己目的的东西。不同的人会对相同的事件或经历做出迥然不同的解释，这就是出于自身目的的需要。亦即"我们是根据赋予经历的意义来决定自己"，倘若再引用另一种说法的话，那就是"人的心理反应并非决定性的东西，其本身只能是暂时性的答案，无法说什么是绝对正确的"。

并不是有着相同经历的人都会因此而出现相同的变化，也并不会因为经历了悲惨事件就一定会出现"即便目前没发生什么事，在人生的某个阶段也一定会出问题"的情况。倘若认为"一定"会出问题，那也就不可能有什么治疗之类的事情了。

这种决定论一般不去做增进沟通之类的当下必须要做的事情，而是将当前发生的问题归咎于不幸的童年时代。

围绕着（为过去经历）赋予意义的另一个问题是，赋予意义或许就意味着所有的事情都有道理。按照普罗泰戈拉"人是万物的尺度"这一思想观点，一切事物的善恶好坏都由各人的想法而决定。但是，举例来讲，我们可以自己判断某道菜好吃（甜、咸、味道浓淡等），但其是否对身体有益或者有害之类的事情恐怕就不能按照自己的喜好来断定了。

柏拉图在《理想国》中说了下面这段话。

"很多人会去选择众所公认的正确或美丽的事物（美观的事物），即便实际上并非如此，也要去做大家认为是对的事情，也要去获取众人认为美好的事物。也许很多人会认为只要在别人眼里自己拥有的某些事物是美的就可以。但是，在善的事物方面，谁都不会仅仅满足于自己所拥有的事物在别人的眼中亦是如此，往往会去追求真正善的事物，单纯的评价（评判）在这里或许得不到任何人的认可。"

幸福也是一样，仅仅别人看来幸福并没有什么意义，即使别人看着不幸福，只要自己真正幸福就有意义。关于这样的事情，并非怎么判定都可以，而是需要自己"正确"判断。

关于那些看上去并不能由各人想法任意判定的事情，阿德勒是否认可绝对的判定标准呢？阿德勒的确说过："就连我们的科学也不具备绝对真理，而是基于常识（共同感觉）。"常识与个体认知相对而言，人确实只能活在自己赋予了意义的世界里。但是，如果被赋予的意义太过私人性的话，就难以与他者共生，因此，人们不能对经历进行绝对私人性的意义赋予。对此，阿德勒强调了有益解释的重要性，也就是说这种理解和解释对于自己和共同

第三章
目的论

体来说都能够作为常见（共同、普遍的）事物被广泛接受。

但是，也许并不能因为谁都不具备绝对真理就说这种真理"不存在"，虽然阿德勒的确说过"我们谁都不具备绝对真理性的知识"以及"我们谁都没有掌握绝对的真理"。

在这个世界上，我们不能去认可绝对的真理。不存在脱离具体状况的绝对的善，在前面的引文中阿德勒说"意义并非由境遇决定"就是这个意思。认可某种意义上的绝对真理也很危险。例如，也许谁都认为有借有还是正确的做法，但也许并不能说这个道理就绝对适用于一切状况。倘若自己借了其刀具的对方暂时陷入了疯狂状态，很显然，这时将刀具还给这样的人不能说是正确的做法。只能根据具体情况一一验证。阿德勒并不认同既成或者固定的价值，对于文化的自明性，他一贯持批判立场，哪怕那是作为大多数人都认同的事物。虽说要重视常识，但常识绝不是"常情"。因此，举例来讲，不分状况地认为让不愿上学的孩子重返学校就是正确的，并努力帮助其返回学校，这未必对于一切状况或孩子来说都是绝对正确的做法。

目的论和原因论

一个并不能够机械性地或以因果关系来理解的事件，为了被称为"行为"，首先必须要先于行为产生"意图"、确立"目的"。

这种行为的意图或目的未必是不言自明的，有时候甚至并不被意识到。但是，"善"往往是终极性目的，这一点稍加说明或许还是会被理解的吧。

这里所说的"善"正如柏拉图所言，未必具有道德方面的含义，而是"有好处"的意思。苏格拉底在被判处死刑之后，之所以不去越狱而是选择留在狱中服刑，就是因为苏格拉底认为这么做是一种善，倘若并非如此，他或许就会采取必要手段迅速越狱了吧。

作为苏格拉底悖论而被人们所熟知的"无人有意作恶"这一命题的意思就是，谁都不希望对自己没有好处的事情发生。

但是，有的人在选择达成这种"善"的手段时往往会犯错。人人都渴望善，但关于什么是善这个问题，不同的人会有不同的

第三章
目的论

看法，常常会出现一些自认为是善但其实并非如此的情况。倘若是基于自然现象或本能的活动，基本不怎么会出错，但由于行为具有选择余地，所以人们就有可能选择错误的行为。但是，即便是错了，也是基于个人的自由意志。

虽然阿德勒也使用"原因"（cause）这个词，但在追问"为什么"会有某种行为的时候，阿德勒所使用的"原因"一词并不是"严密的科学意义上的因果律"。因为，并不是有某件事情为原因就势必会发生某种行为。

亚里士多德思考了四种原因，他以雕像为例来展开思考。首先，如果没有青铜、大理石、黏土，雕像就无法存在。在这种情况下，青铜、大理石、黏土等就是第一类原因"质料因"（由什么构成）。接下来还有第二类原因"形式因"（是什么），也就是雕刻表达了什么。雕刻家在雕刻雕像的时候，一般会有一个大体构想，想象着要制作什么。原因的第三类就是"动力因"（行动由此开始的原初）。就像父亲是孩子的动力因一样，雕刻家就是雕像的动力因。

除了以上三种原因，亚里士多德还进一步思考了"目的因"（为了什么而成立）。能当雕刻素材的东西自然界有很多，世界上也有很多拥有创作灵感的雕刻家，但是，倘若雕刻家根本不愿去创作雕像的话，雕像就不会存在。为了某种目的，例如为了自己开心或者为了出售，雕刻家才会去制作雕像。这里的目的就可以说成是"善"。

假设有一个被娇惯的孩子。倘若那个孩子被娇惯，母亲的确是"动力因"。如果没有娇惯孩子的母亲，也就不会有被母亲娇惯的孩子。但是，被这样的母亲养育的孩子是不是就一定会成为被惯坏的孩子呢？答案是否定的。成为被惯坏的孩子之前，孩子首先必须判断认为那是一种"善"的行为。或者，如果按照阿德勒的说法，那就是，孩子必须通过其自己的"创造力"制造出被惯坏的目的。

此外，冲动或本能是动力因。对此，阿德勒说：

"就像所有心理学做的一样，即便是要将某些问题症状归于不确定的不良遗传或者一般认为不好的环境影响，依然无法了解各个案例的重要情况。孩子的确是按照自由意志去接受、消化、应对这一切因素的影响。个体心理学是应用心理学，它强调人对于这些影响因素的创造性理解和利用。将人生各种各样的问题视为不可改变的事情并否认各个案例独特性的人很容易把冲动或本能之类的动力因认定为像恶魔一样左右命运的东西。"

如果没有妹妹的出生，哥哥也许就不会成为问题儿童，但却未必是因为妹妹的出生哥哥就一定会成为问题儿童。石子势必会

第三章
目的论

以一定的速度朝着一定的方向下落,但在心理性的"下降"中,严密的因果律并没那么重要。

像这样,认为人以"善"为目标和目的,并基于这一观点去把握人的行为或症状等问题的理解方式被称为"目的论"。

按照柏拉图的观点,可以说目的论是并非真正原因的副原因,按照亚里士多德的观点,可以说目的论是目的因以外的质料因、形式因、动力因。对此,阿德勒也并非没有考虑到,但他将目的因视为主要原因,认为其他原因皆从属于目的因。例如,大脑或内脏器官生理性、生物性、化学性的状态变化虽然是身心疾病的质料因,但如果按照目的论的立场来讲,这并非就会立即引发症状。

即便不是症状,在讨论如何利用我们被给予的事物时,阿德勒认为也并非感情在支配着我们,而是我们为了某种目的去使用感情。阿德勒说:"重要的不是被给予了什么,而是如何去利用被给予的东西。"感情并不支配人,反而人会为了某种目的去支配感情。意为"冲动、震怒、激情"的英语单词 passion 的词源是拉丁语"patior"(蒙受)。可见,passion 往往被认为是被动性、很难抵抗的事情。但是,被称为"应用心理学"的阿德勒心理学却认为人并非受感情、激情所支配,而是主动去使用它们。感情会根据意志而出现或消失。例如,愤怒就是为了向对方传达要求并使其接受这一目的而被制造出来的。实际上,对方或许也会因为害怕而接受要求。

相对于上文提到的目的论，柏拉图所认为的副原因，亚里士多德通过质料因、形式因、动力因去解释人的行为或症状等问题的做法，我们称为"原因论"。就像前面看到的一样，目的是由各人的创造力所制造出来的，但人的行为并非全部都能够通过原因来进行解释，人的意志势必会超出原因。即便看上去像是在按照自由意志选择行为，实际上，那样的行为也很难弄清其真正原因。正因为如此，为了理解一切都必然被消解这样的观点，自由意志似乎就更是显而易见的事情了。

伊壁鸠鲁为了拯救自由意志，认为原子本来是依照必然性的法则在虚空里进行直线运动的，但有时会有稍稍越出轨道的偏斜运动。

伊壁鸠鲁写的东西今天大部分已经遗失，在卢克莱修留下的《物性论》中，伊壁鸠鲁的思想得到了传达。

"倘若所有的运动都总是存在着必然的联系，新的运动会按照一定的秩序从旧的运动中产生出来。倘若原子不会通过偏斜运动而开始冲破宿命定律的新运动，那么原因永远是原因，世上万物所拥有的自由意志将从哪里展现出来，这样的自由意志又是如何被从宿命之手中解放出来的呢？"（《物性论》）

第三章
目的论

伊壁鸠鲁通过导入偏斜运动这一概念去解释本来是必然性的运动中存在着的例外。但在原本只能是必然存在的规律中，即便为了拯救自由意志而试着去解释偏斜运动这一现象，倘若考虑到作为体系的一贯性，依然只能宣告失败。

只要采取原因论的立场，意志就没有自由存在的余地。不可否认的是，偏斜运动带有一定的牵强附会之感。

作为科学的个体心理学

阿德勒说个体心理学是科学。阿德勒强调观察个别案例的重要性。不是仅仅探知普遍意义上的人，而是去认真了解眼前的这个活生生的人。

但是，如果要贯彻这一认识的话，就无法形成学问。关于个体，倘若是探求各个具体案例，那样的事情称不上是科学。个体心理学为了成为阿德勒所说的科学，在研究个别案例的同时，还必须去涉及具有普遍性的规律。

原因论试图借助个体过去的经历或外在的因素去理解其行为

等问题，为此，其对于理解个别案例的具体性并没有太大作用。因为，同样的原因未必会产生相同的结果。

与此相对，目的论关注的不是"从哪里来"而是"到哪里去"，据此，我们可以将其意义具体化。

对此，阿德勒说：

"倘若只知道人从哪里来，根本无法了解什么样的行为是人所具有的特征。但是，如果知道人要去向哪里的话，那就可以预言到其行为方向或行动目标。"

不关注"从哪里来"，而是看重"到哪里去"，这就是"目的论"。如果知道人要到哪里去，那就可以预言人的行为。

阿德勒主张目的论以及将人理解为不可分割之整体的整体论，因此，他与弗洛伊德存在着根本性的差异。这种差异是决定性的，以至于其不得不与弗洛伊德分道扬镳，两者根本不能相容。

无论是性欲，还是阿德勒所说的攻击欲求或劣等感，如果将其视作行为或症状的原因的话，那么，弗洛伊德和阿德勒都是一样的。那些都被认为是从后面推动人的力量。

无论将原因固定为一种还是多种，倘若主张的基本性的观点

第三章
目的论

是原因论,不管原因的数量和种类如何,都能够将其框定在原因论的范围内。

初期的阿德勒受尼采影响,曾使用过权力意志这样的词,这或许证明其在表达人的目标追求意义上,早就具有了自己独到的见解。

阿德勒并不像弗洛伊德那样将性视为人格的决定性力量,而是认为其只不过是次要力量。阿德勒并不是要取而代之树立第一要义的概念,而是阿德勒与弗洛伊德的观点本身就存在着根本性的差异。

生活方式

面向目标的活动

阿德勒将面向目标的一贯性活动和对人生课题的个体性独特处理方法称为生活方式。

阿德勒为生活方式这一概念所下的定义是"关于自己和世界的看法",但这听上去像是静态的分析,因此,为了能够像反映出朝向目标的一贯性运动这一动态意义一样,阿德勒还使用了"运动法则"这个词。

在现代阿德勒心理学中,有时将生活方式定义为"关于自己和世界之现状与理想的信念体系",这里所说的"理想"就是人所追求的目标。

"个体心理学主张去调查人为了解决人生课题所采取的行动,认为这是理解人的唯一方法。这就要求我们必须仔细深入地去观察人在某种时刻是怎么做的以及为什么要那样做。人在开启自己的人生时,肯定会具有不同于其他任何人的人格潜能与发展潜能,这种个体之间的差异只能从行为中去认识和了解。在人生之初我们能够看到的东西就已经自出生之日开始强烈受到外在状况的影响。孩子会受到遗传和环境的双重影响，并为了寻求发展之道去使用它们。但是，如果没有发展的方向和目标，那就既无法思考发展道路和行动，也无法选择一条道路前进。人类心灵的目标是克服、完成、安全和优越性。"

"孩子在应对来自自己的身体和环境之影响的时候，多多少少要依赖自己的创造力和解决问题的能力。孩子对人生的理解（赋予人生某种意义）——这是孩子对人生态度的基础，但这既不会表达为语言，也不会作为思想表现出来——是孩子自身的作品。就这样，孩子获得行为法则，并接受一定的训练，最终形成一种生活方式。我们一生都将按照这种生活方式去思考、感受、行动。"

目标追求

就像阿德勒所说的一样，人都具有"不同于其他任何人的人格潜能与发展潜能"。生活方式、行为法则也会因人而异，每个人都具有自己不同的发展速度、节奏、方向。尽管人们都朝着"克服、完成、安全、优越性"这样的目标前进，但达成这种目标的道路却会因人而异。人一出生便开始书写自传，这部传记到死方

第四章
生活方式

会完结。谈生活方式时所说的方式就相当于文章的风格、作者特有的文章表达形式和文体。写自传时的文体是每个人所特有的东西。因此，绝不会有两种完全相同的生活方式。在这个意义上，阿德勒心理学并非规则式（nomothetic）的，应被称为个性记述式（idiographic）的。

霍夫曼曾引用卡尔·福特穆勒（Carl Furtmüller）的话来说明个体心理学这个名称。

"个体心理学这个名称意在表明心理过程及其表现只能从每一个具体环境中去理解，一切的心理学洞察都始自个体。"

阿德勒所关心的并非一般意义上的抽象的人，而是站在眼前的有血有肉活生生的"这个人"。正是对个体独特性（uniqueness）的强烈关心才使其选择出"个体心理学"这个名称。

阿德勒也对生活方式进行了分类，但需要注意的是，其所进行的分类只是为了"更好地理解个体相似性的理性手段"。倘若忘记这一点，过分拘泥于生活方式的分类，就会忽视眼前"这个人"的独特性。

分类或理论终究只是为了说明现实，僵化地用现实硬套分类和理论则很不妥当。并且，在教育孩子的时候，阿德勒强调绝不可以将阿德勒心理学当作"不懂变通的机械手段",也就是普遍性的规则来使用。这也就是说,我们要注意发现孩子的个性。

个人的主体性

像这样,阿德勒是从人朝向什么方向发展、想要实现什么样的目标这一立场去理解其言行,如前所述,这种观点称作目的论,这里的目标、目的则由人的自由意志来决定。在前文中,被并列提及的创造力和解决问题的能力就相当于自由意志。行为法则由创造力来决定,面对外界的刺激或环境,人并非仅仅机械性地做出反应。

遗传的确会受到环境的影响,例如兄弟姐妹关系、亲子关系、人生活的时代、社会或文化等。但是,人的生活状态并非完全由这些外来影响所决定。在受到外界影响的过程中,孩子会以此为"素材"决断自己应朝着什么样的方向发展。这种决断方式,不同的孩子之间会有所差异,因此,采取原因论的理解方式几乎没有什么意义。

由相同的父母所生、在同样的家庭中长大、几乎有着相同成长环境的孩子,其生活方式也并不相同,这一点谁都知道。即便

第四章
生活方式

想着用同样的方式去养育孩子，他们的生活方式也很少相似。孩子自己并不觉得自己和其他兄弟姐妹具有相同的成长环境，这种情况的形成原因也并不难说明。

对此，阿德勒这么说：

"认为同一个家庭的孩子就是在相同的环境中长大，这是人们经常犯的错误。当然，对于同一个家庭的所有人来说，共同的东西有很多。但是，各个孩子的精神状况是独特的，绝对不同于其他孩子的状况。"

这种生活方式的差异只能从孩子自身对生活方式的决断选择来加以说明。生活方式常常被表述为性格，但阿德勒为什么不使用性格这个词呢？这是因为，生活方式并非与生俱来，并且，由于生活方式是自己决断选择的结果，倘若自己愿意，一旦下定决心，就可以重新选择与之前不同的生活方式。

现代阿德勒心理学认为，这种决断一般在孩子十岁前后完成。倘若像阿德勒所言，两岁便被认识到，最迟五岁就会被选定的话，这个时期的孩子，由于语言尚不够发达，所以生活方式与其说是处于混沌的无意识状态，不如说是还没有被透彻理解，这一点也许是事实。前文中曾提到"孩子对人生的理解（赋予人生某种意义）——这是孩子人生态度的基础，但这既不会表达为语言，也不会作为思想表现出来——是孩子自身的作品"。

于阿德勒晚年担任其秘书的尤文·费尔德曼在阿德勒去世的时候曾请求阿德勒的妻子瑞萨将阿德勒戴过的眼镜送给自己。当被问到为什么想要阿德勒的眼镜时，费尔德曼回答说"想用阿德勒的眼光去观察人生"。

生活方式就像是这个小故事中所说到的眼镜或者像是今天的隐形眼镜，因此，我们能够从外部看到他人的生活方式，但无法看见自己的生活方式。

随着人们慢慢长大，生活方式对于本人来说也会成为非常理所当然之事，我们甚至都不知道自己会通过生活方式去观察这个世界，并生活在其中。倘若能够意识到这一点的话，自己原本无意识的生活方式就会被意识化。

尽管如此，孩子也并不是在什么都没有的真空之中去决定自己的生活方式，会有一些影响决定的因素。阿德勒并没有忽视这些影响因素，他还说不能将一切责任都归于孩子。即便如此，如果只考虑影响因素的话，还是不能将生活方式解释清楚。

第四章
生活方式

遗传和器官劣等性

作为决定生活方式的影响因素，阿德勒思考了以下几种情况。首先是遗传，但阿德勒并不怎么重视遗传。教育中最大的问题往往源于孩子自己进行自我设限。阿德勒在《儿童教育心理学》中多次谈及智力测验，智力测验的问题就在于孩子会据此认为自己的能力已被固定，大多源自遗传。

但是，阿德勒认为倘若孩子真正对某件事感兴趣，那件事就会大大促进孩子的智能发展，并说"任何人都可以做到任何事"。阿德勒的这一口号后来受到了批判，为此阿德勒这么说的时候被迫缓和了语气。即便并非想表明人人都具有无限潜能，但对自己的能力进行设限，尤其是拿遗传当借口这么做的话，从教育的视角来看也是有问题的。

像这样，并不重视遗传对生活方式的决定作用的阿德勒却认为器官劣等性会对生活方式的决定带来重大影响。器官劣等性是指对孩子的生活造成重大妨碍的身体障碍。具有器官劣等性的人既可以依靠自己的力量适当弥补这种器官劣等性，独立勇敢地致力于人生课题，也可以因此而变得具有依赖性，将自己的人生课题转嫁于他人。究竟采取哪一种态度，全由本人决定。

兄弟姐妹关系

接下来，兄弟姐妹关系会对生活方式的决定产生重大影响。有时候，不同家庭的第一个孩子会比同一个家庭中的兄弟姐妹更具有相似性。以第一个孩子为例，他的弟弟、妹妹的出生会对其形成一种威胁，因为父母必须把大部分的时间和精力投向新出生的孩子。所以，即使父母对孩子说"不要紧张，我们依然会像之前一样爱你"，但由于实际上父母的时间会被弟弟或妹妹夺去，因此，对于原本一直受宠爱的第一个孩子来说，像这样的跌落王座无疑是一种悲剧。因此，第一个孩子就有可能为了获得父母的关注而成为令父母头疼的孩子，但也有可能试图通过照顾弟弟、妹妹来引起父母的关注。通过这样的经历，第一个孩子会形成特有的生活方式，但就像前面已经看到的一样，即便存在心理性的"下降"，也未必就会形成相同的生活方式。一般说来，第一个孩子会比较勤奋刻苦，但也许会试图通过武力来解决问题。有时也会变得保守，这样的人往往害怕竞争对手的出现，但这并非源于跌落王座的经历，这是受那种经历的影响而选择了保守性的生活方式。

第四章
生活方式

　　中间的孩子与第一个孩子不同，一出生便有姐姐或哥哥在。并且，很快又会有弟弟、妹妹出生，因此，从未独占过父母的中间的孩子为了获得父母的关注可能会做出一些问题行为，也有可能不去指望父母，比其他兄弟姐妹更早地踏上自立之路。

　　最小的孩子不会听到父母曾说给哥哥或姐姐的话，诸如"你从今天起就是姐姐（哥哥）了，能做的事情要自己做啊"之类的话。姐姐、哥哥到了一定年龄会做的事，最小的孩子即使到了那个年龄还不会做，父母也不会说什么。因此，最小的孩子可能会变得具有依赖性，不会像第一个孩子那样认为就连超出自己能力范围的事情也应该能做到。最小的孩子一般不会做一些徒劳的努力，如果有必要，他们或许会立即寻求援助。

　　独生孩子由于没有经历复杂的人际关系纠葛，往往看上去具有自我完结倾向。因此，独生孩子可能会变得具有依赖性并以自我为中心，但也有可能成为非常独立并努力与他者共生的孩子。独生孩子的竞争对手不是其他兄弟姐妹，而是父亲；被母亲娇惯的独生孩子或许还会形成所谓的恋母情结。

　　倘若所有的兄弟姐妹都认为必须将父母的注意力引向自己的话，那就会出现问题。此外，如果兄弟姐妹形成了不同的生活方式，即便父母没有强烈意识到，也会使孩子们陷入竞争关系之中。

由于这样的事情只是一种"倾向",所以,事情并非一定会如此,一切全由本人决定。阿德勒说个体心理学具有双重意义上的预言性。也就是说,不仅仅能预言会发生什么,还能预言不会发生什么。如果能够知道个体想要朝向哪个目标,就能够预言到那个人的人生会发生什么,就能够像《圣经·旧约》中登场的预言者一样预言到什么样的事情不会发生。我们所关心的不是过去而是未来,这与阿德勒总是强调预防比治疗更重要是一样的道理。在心理辅导中咨询师有时会询问咨询者的成长经历,其目的就是防止今后可能出现的不良状况。倘若知道个体之前的生活方式,就能够据此预防可能出现的不良状况。

亲子关系

下一章将以被娇惯的孩子为例来分析父母会对孩子生活方式的形成带来什么样的影响,正如下一章的内容所表明的一样,父母对孩子生活方式的形成所造成的影响与兄弟姐妹关系对其的影响一样重大。

首先,家庭价值观会影响孩子生活方式的形成。每个家庭都有父母批评、表扬孩子的基准,孩子往往会被要求对此拿出态度。例如,声称学历很重要,这是家庭价值观的一种。孩子可能会遵从父母的价值观,也可能对其加以否定。

其次,家庭氛围也可以说是做出决定的规则。例如,关于休息日去哪里这个问题,是由父亲或母亲做出决定,其他家庭成员只需遵从,还是包括孩子在内的家庭成员平等决定?这种家庭氛围会在无意识之中对孩子造成影响,因此,在不同家庭成长起来的两个人结婚组建新家庭的时候就有可能产生问题。

每周都带家人外出,经济上也让家人过得很宽裕,为什么家人还是不满呢?提出这种问题的男性或许是因为自己也成长于那样的家庭,所以有可能意识不到自己的想法对对方来说并非理所当然,甚至还会造成对方的不满。

文化影响

此外,人的成长环境中的文化也会影响其生活方式的形成。在重视关心与体贴的文化中长大的孩子或许会形成依赖性的生活方式,认为即使他人什么都不说自己也应该明白那个人的所思所想，同时也会认为即便自己什么都不说他人也应该明白自己的所思所想。当然，沉默不语的话，什么也传达不了，可一旦自己的想法不被理解，有的人就会对不理解自己的人产生攻击性。关于这一点，下一章将以被娇惯的孩子为例来进行分析。

改变生活方式

在决心选择特定的生活方式之前，人会尝试各种各样的生活方式。尽管如此，人还是会在不知不觉间形成自己固定的生活方式。一旦形成某一种固定的生活方式，要去改变它并不容易，即便是这种生活方式令自己感到不方便、不自由，甚至是渴望换成别的生活方式。倘若是自己目前已经习惯的生活方式，就能够很容易地想象出接下来会发生什么，但如果选择了与之前不同的生活方式，就会很难立刻想象出接下来会发生什么。要接受这样的现实，需要很大的勇气。

因此，也可以说人往往在不断地下定决心不去改变已经习惯了的生活方式。但只要放弃这种决心，就有可能改变生活方式。

第五章

被娇惯的孩子

并非缺乏关爱

童年缺乏关爱往往会被看作个体出现问题行为的原因,但今日的问题不是缺乏关爱,而是从父母的角度来说的过度关爱、从孩子的角度来说的缺乏关爱。关于被娇惯的孩子,阿德勒说:

"(另一方面)倘若母亲过度娇惯孩子,在态度、思考、行为以及语言方面过分帮助孩子的话,孩子就很容易成为'寄生虫'(榨取者),什么事情都指望他人。这样的孩子或许还总是想要成为众人的关注焦点,并试图让其他人都为自己服务。他们也许会展现出自我中心主义倾向,并常常将压制他人、被他人娇纵、毫不付出、一味索取视为自己的权利。这样的训练持续一两年就足以摧毁孩子的共同体感觉与协作能力的发展。"

这样的孩子时而想要依赖他人,时而又想压制他人,他们无法融入要求有共同体感觉和协作的世界,很容易到处碰壁。被娇惯的孩子一旦幻想破灭,就会去责怪他人,他们在人生中往往只看到敌对性原则。他们常常提出一些悲观性的问题,诸如"人生有意义吗?""为什么我应该爱我的邻人?"等等。即便去遵从积极的共同体理念的合法要求，也只不过是因为害怕被拒绝或者受惩罚。在面对交友、工作、爱的课题时，因为无法找到共同体感觉之道，常常受到打击，并感到身心俱受其影响。并且，这样的人一遇到失败就会退却。但是，他们又会保持一种幼稚的态度，固执地认为自己总是遇到倒霉的事。

阿德勒说很多父母只会去娇惯孩子，但幸好有很多孩子会去强烈抵抗这种溺爱的方式，因此，娇惯孩子所造成的危害并不像预想的那么严重。倘若果真如阿德勒所言倒也好了，但当今时代，被父母惯坏的孩子、只知榨取的孩子或许比阿德勒生活的时代要多很多。

"我们往往会在神经症患者身上发现相当多的被动性的童年失误，在犯罪者身上找出很多主动性的错误，但这也并非什么值得大惊小怪的事情。虽然孩子日后才展现出不适应感，但我更愿意认为，倘若不是难以教育，那或许就是对孩子的观察存在失误。属于心理学领域的童年失误，抛开虐待事例暂且不论，其中绝大多数失误都能够在被娇惯、依赖性强的孩子身上看到。"

此外，在其他地方，阿德勒还说过孩子的问题行为、神经症、精神病、自杀、不良行为、药物依赖、性倒错等，这些全都源于共同体感觉的欠缺，"几乎总能追溯到童年时代的娇惯、被娇惯以及极端渴望减轻负担"。

第五章
被娇惯的孩子

阿德勒认为，神经症和犯罪本质上都与娇惯孩子有关。为了防止孩子罹患神经症或者走上犯罪之路，必须认真考察娇惯问题。

阿德勒表示被父母娇惯的孩子有可能会变得parasitär（用英语表示就是parasitic，意为寄生的），娇惯会把孩子变成寄生虫（parasite）。说"这个孩子的语言功能发育晚"的母亲往往会去担当孩子的"翻译"，孩子不必自己说话。有的时候孩子还没有说完母亲就急着插嘴，也有的时候还不允许孩子回嘴。这样的孩子总是躲在父母身后，紧紧拽住父母的衣襟不放。因为，只要在父母身边，周围的世界就很安全。

母亲是孩子在这个世界上遇到的第一个"同伴"。但是，阿德勒说母亲不可以让孩子认为只有母亲才是孩子的同伴。母亲必须帮助孩子认识到除了母亲外还有其他同伴，让孩子不仅仅只关心母亲，还要懂得去关心其他人。

可是，被娇惯的孩子的母亲往往不允许孩子去关心自己以外的人。母亲会和孩子捆绑起来共同与世界对峙，并最终将孩子变成寄生虫。

$$孩子 = 母亲 \longleftrightarrow 世界（他人）$$

由于孩子和母亲之间这样的捆绑关系，孩子会与世界为敌，无法形成原本应该具有的对世界（他人）的关心，只知道关心母亲一个人。

并且，由于母亲为孩子包揽一切，孩子便无法自立，也不懂得靠自己的力量来完成自己的课题。结果，孩子只知道索取（get，take），不会给予（give），更认识不到协作的必要性。前文中所使用的"榨取"，意思就是说被娇惯的孩子常常"榨取"他人的贡献。

抵触自立

婴儿为了生存必须支配父母喂自己吃东西。倘若不这么做就无法活下去，因此，为了生存，婴儿懂得把人当作工具。因为不会说话，所以必须通过哭泣让周围的大人为自己服务。阿德勒说："婴儿支配人却不受人支配，因此最强大。"

问题是，尽管慢慢地孩子实际上并不需要这样支配父母或周围的大人了，但有的人精神上却一直保持婴儿状态。只要不停止像婴儿一样支配他人，人就无法真正成长为一个大人。

但是，即便这样做无法真正长大，有的人也还是想要紧紧抓

第五章
被娇惯的孩子

住童年时代。因为，童年时代即使什么都不做也能获得需要的东西，所以，有些人不愿意从这种安乐环境中走出来。明明不能永远保持这种婴儿状态，但却会像婴儿一样说话，或者只想跟比自己年幼的孩子一起玩耍。

因此，父母就像前面看到的那样去娇惯孩子，孩子自己也十分渴望被娇惯。尿床或夜啼就是孩子在知道自己被要求自立或协作的时候采取的一种抵触方式。

"尿床这种症状往往见于一些最初被娇惯但后来又'被剥夺了王位'的孩子身上，它表明孩子就连晚上也想要努力获得母亲的关注。这种情况表示孩子无法忍受自己一个人被放在一边。"

被娇惯的孩子往往会表现出下面这些症状：尿床、进食障碍、夜惊症、久咳不愈、便秘、口吃等。"这些症状往往代表着对自立协作的一种抵触，是在强行索要他人的帮助。"

这样的症状是为了获取父母的关注，所以认为自己必须被关注并成为关注的中心的想法之所以不健康的另一个原因就在于其是"为了不自立"而试图获得关注。

有的孩子不愿意自立。但是，有些情况下父母却希望孩子自立。特别是当这个孩子有弟弟妹妹出生的时候，姐姐或哥哥便不再能够像之前那样去依赖父母。当得知自己被要求自立的时候，孩子往往会进行抵触。

前面列出来的一些症状往往带有目的性。以尿床为例来看，其就存在着某些目的，例如引起关注或者支配父母等。并且，不仅仅是在白天，晚上也是一样。不过，白天的时候孩子一般还有可能控制身体不尿裤子。

尿裤子的孩子一般会具有一个显著特征——怕黑。个体心理学并不去挖掘恐惧的原因，而是注重找出其目的（purpose），被娇惯的孩子都想通过恐惧来引起关注。

孩子都非常擅于思考获取关注的方法。孩子害怕的并不是黑暗本身。某个夜晚，黑暗中的孩子像往常一样哭泣。母亲听到哭声便关切地问孩子"为什么害怕呀"，于是孩子回答说"因为太黑了"。母亲明白了孩子的行为目的，便说"妈妈来了，是不是不害怕了？"。对此，阿德勒总结说："黑暗本身并不重要。孩子说害怕黑暗，只不过是不愿让妈妈离开自己。"

孩子通过尿床这一行为用膀胱来代替嘴说话。像这样，心脏、胃、排泄器官、生殖器官等的功能障碍往往表现出人为了达成自己的目标所采取的方针。阿德勒称这种功能障碍为"脏器语言"（organ dialect 或 organ jargon）。但是，尽管如此抵触自立，孩

第五章
被娇惯的孩子

子也不可能永远活在父母的娇惯之中。习惯了什么都由父母来为自己做的孩子随着慢慢长大会知道自己无法再是关注的中心。虽然认为成为关注的中心是与生俱来的权利,但由于无法再位于关注的中心,也就没有办法了。试图一直位于关注的中心本来就是一个错误,也不可能实现。尽管如此,有的孩子还是努力想要站在关注的中心。当被要求协作的时候,这样的孩子有时还会公然反抗、斗争,甚至企图报复。

当知道自己已经不能位于关注的中心的时候,被娇惯的孩子会觉得自己被母亲欺骗了,或者认为世界欺骗了自己。一旦从被母亲守护着的熟悉世界走到外面去,对于被娇惯的孩子来说,那就是"敌国"。孩子在进入学校之类的新环境的时候尤其会产生这种感觉。之前一直在人为的温暖环境中成长,对于这样的孩子们来说,外面的风会感觉非常寒冷。

个体的生活方式在平常状态下一般看不出来,在困难时刻或者情况有变的时候方能得以显现。例如,孩子入学的时候,其平时在家里表现并不明显的生活方式就能够被有经验的老师清楚地看出来。阿德勒说细心优秀的老师在孩子入学的第一天便能看出其生活方式。

也许孩子一直听父母讲这个世界充满了善意和希望。虽然用悲观的语言来描述这个世界确实不对,但刻意美化世界也有问题。

被娇惯呵护着成长起来的孩子在面对现实时常常会对世界产生极其不好的印象。

如此一来，拒绝自立的被娇惯的孩子常常会一下子变成被嫌弃的孩子。阿德勒在使用"被嫌弃的孩子"这个词语时，实际上也有被父母嫌弃的孩子之意，就像前面看到的从王座上跌落下来的第一个孩子那样，很多时候孩子会觉得自己被父母嫌弃、不受喜爱。

但是，即便处于这种状况也依然认识不到自己需要协作或贡献的孩子也许就会试图夺回王座。他们固执地认为获得他人的爱是自己与生俱来的权利，一味去索求，但却不做一些值得被他人爱的事情。这样的孩子即便长大之后，也会依旧如此。

成年之后的被娇惯的孩子

这样的孩子即使长大了也只会关心他人为自己做了什么。如果有满足自己期待的人倒也还好，但当他们注意到他人并不会满足自己的期待这一理所当然的事实时就会非常抵触，其中还会有人公然反抗并充满攻击性。即便如此，他们也依然试图获得他人的爱。或者，想方设法让周围的人觉得必须对其进行援助。这样的人根本不懂与世界相处的其他方法。

但是，遗憾的是，世界并不接受这种自己什么都不想做的人。于是，他们又会因此而觉得自己很倒霉。

即便没有弟弟妹妹出生，被娇惯的孩子往往也都会变成被嫌弃的孩子。对此，阿德勒曾说过："在我们的文明中，社会和家庭都不希望被娇惯这一方式无限持续下去""我们的文明并不将被娇惯的孩子视为令人喜欢的孩子""在我们的文明中，一个人不做任何贡献却常常位于关注的中心这样的事情往往被认为是不妥当的事情"。

具有被娇惯的孩子生活方式者的婚姻

某位年轻的男性与一位美丽的女性在舞会上跳舞。她是他的未婚妻。当他的眼镜掉了，为了捡拾眼镜，他差点儿撞倒她。吃惊的朋友急忙过来询问，"怎么了？""我可不想让她把眼镜给弄坏了！"最终，她并未跟他结婚。

不逃避的勇气
"自我启发之父"阿德勒的人生课

阿德勒提醒说这是经常会发生在只关心自己的人身上的事情。

被娇惯的孩子一旦长大结婚，往往会遇到困境。他们常常会想跟伴侣撒娇，这样的关系在刚开始交往的时候或者结婚第一年里也许并没有什么危险。可能有些人反而希望被这样依赖。但是，如果两个人都是被娇惯的孩子，那就会出现谁都想要被对方宠着的情况。这就是"宛如谁都期待着对方不欲给予的某些东西放在对方面前"。因为双方都期待从婚姻中得到些什么。倘若不知付出而一味期待伴侣给予自己的话，也许这种期待势必会以失望而告终。这种人要的不是平等的伴侣，而是为自己服务的仆人。能够让他轻易支配的人就是母亲，因此，不难想象这种结婚对象组合的婚姻会发展成一种什么样的状态。

结婚是开端，而非终点。虽然很多小说或电视剧以男女主人公结婚的情节收尾，但那也许并非大团圆，而是不幸的开始。就如弗洛姆所说，就跟认为只要有对象就可以恋爱是一个错误一样，即便是幸运地找到了结婚对象，结婚之后也非常难。弗洛姆认为人们去爱很简单，但找到适合去爱或者被爱的对象却很难。总之，似乎就是在说只要有合适的对象就可以实现恋爱。但是，也正如弗洛姆所言，爱是一种能力。结婚，尤其是伴侣中的某一方或者双方具有被娇惯的孩子这样的生活方式的话，婚姻很可能就会充满苦难。倘若只关注像经济稳定或社会地位之类乍一看似乎能使

第五章
被娇惯的孩子

婚姻稳固安全的条件,即便是认为找到了对的人,也只不过是短暂的幻梦泡影。

即便是夫妇,对方也不会完全按照自己的期待行事。就算是自己生的孩子,也不会完全按照自己的意愿去成长,也不会就顺利长成理想中的顺从孩子。无论父母为孩子做过多少事情,也不会马上就得到回报,可以说这种期待孩子立即回报的想法本身就是一种错误。期待从对方身上得到些什么的父母也许根本无法喜欢上孩子吧。

俄狄浦斯情结

阿德勒与弗洛伊德相对立的观点之一就是围绕俄狄浦斯情结展开的,阿德勒说这种情结并非普遍性事实,而只不过是被娇惯者身上展现出的个别事例。这种情结的受害者往往受母亲娇惯,对其他人漠不关心,并相信自己期待的任何事情都会实现。

阿德勒在多次思考被娇惯的孩子这一问题时都对弗洛伊德提出了根本性的批判。"仔细观察就会发现,弗洛伊德派的理论始终只是关于被娇惯的孩子的理论,他们往往感觉自己的种种本能

不逃避的勇气
"自我启发之父"阿德勒的人生课

绝对不能被否定,认为他者的存在并不合理,常常追问'为什么必须要去爱邻人''我的邻人爱我吗'之类的问题。"

这样的问题是不懂爱却一味期待被爱者的问题。即便不被任何人所爱,我也要去爱邻人。具有成熟生活方式的阿德勒否定了弗洛伊德的问题。霍夫曼说:"弗洛伊德用极具嘲讽性的语言批判了'要爱你的邻人'这种自古以来的宗教道德主义。"

阿德勒这样来评价邻人之爱。

"宗教所赋予人的最重要的义务常常是'要爱你的邻人'。在这里,我们也看到了以不同形式加强对同伴关心的相同努力。这种努力的价值在今天也可以从科学性的观点去加以确认,这是一件非常有趣的事情。被娇惯的孩子常常会问我们'为什么我必须要去爱邻人?我的邻人爱我吗?',但这种追问本身就表明其缺少协作训练,只知道关心自己。"

"在人生中遇到最大的困难,对他者造成最大的危害的往往是那些不懂关心同伴的人。人的一切失败都产生于这种人之中。有很多宗教都试图用各自独特的方式去增强共同体感觉,我自己也赞同人们以协作为最终目标的一切努力。人们没有必要互相争斗、评价、贬低。我们谁都不具有绝对真理,通向协作这一最终目标的路有很多。"

第五章
被娇惯的孩子

"同伴"（Mitmenschen）的意思与"邻人"（Nächster, Nebenmenschen）几乎相同，阿德勒常常将其并列使用。虽然阿德勒说追问"为什么我必须去爱邻人"的人缺乏协作训练、只知道关心自己，但我们一旦谈到协作或者关心他人这类问题就会遇到这样的提问。阿德勒对此的回答非常简单明了："必须有人开始。即便他人不进行协作，那也跟你无关。我的建议是：应该由你开始，而不要去考虑他人是否进行协作。"

第六章

优越性追求

索引と総目次

作为普遍性欲求的优越性追求

阿德勒认为，作为整体的个人所采取的行为往往以优秀、优越性为目标。试图在想要完全摆脱无力状态这个意义上变得优秀，这是人人身上都有的普遍性欲求，"调动所有人的积极性、让我们为自己的文化做出贡献的源泉就是优越性追求。人类的整体生活就是沿着这样一条活动线，也就是自下而上、从消极到积极、由失败到胜利逐渐发展前进的"。

与这种优越性追求相对的则是自卑感。这也是人人都有的，"优越性追求和自卑感并不是病，而是对健康、正常努力和成长的一种刺激"。

这种自卑感与优越性追求的过度状态分别被称为自卑情结、优越情结。无论哪种情结对人生都没有积极作用，这一点是一致的，自卑情结进一步加重就会发展为神经症。优越情结是优越性追求的过度状态，也可以称其为个人性的优越性追求或者神经症式的优越性追求。

不逃避的勇气
"自我启发之父"阿德勒的人生课

个人性的优越性追求

像这样，我们并不否定优越性追求本身，阿德勒认为，有问题的是那种试图通过获得个人性的优越性这种方式去解决所面对的人生课题。

优越性追求分正确方向的追求和错误方向的追求。优越性追求表现为野心的情况就属于错误方向的个人性的优越性追求之例，拥有超常野心的孩子们往往会陷入困难境遇。

"习惯性地通过是否成功这一结果来判断，而不是通过直面困难并努力克服的精神去判断。而且，在我们的文明中，比起根本性的教育，人们也会习惯性地更加关注看得见的结果、成功。"

这样的孩子往往会一心只想着通过最终结果也就是成功来获得认可。"即便成功了，倘若不被人认可也会感觉不到满足。很多情况下，一旦遇到困难，比起尝试着实际克服困难，保持精神平衡对孩子来说反而更加重要。被强行赶到这种野心方向的孩子却不懂得这一点，并且，他们往往会感觉没有他人的赞赏就无法

第六章
优越性追求

生活。由于具有这种想法，很多孩子会被他人意见所左右"。

很多时候，我们关心的不是直面困难并努力克服的精神，而是看得见的成功。但是，"不怎么努力便轻易获得的成功往往很容易幻灭"。

或许有人会说并非如此，还称自己白手起家、一路打拼才获得了今日的地位和财富。

内村鉴三在《留给后世的最大遗产》中谈到离开这个世界时想要留下自己热爱这个"地球"（他并没有说"国家"，这一点引起了我的注意）的证据时，首先列举出来的就是"金钱"。不过，内村是这么说的："存钱并不是为了自己，通过神的正确指引，遵循天地正当法则，将财富用于国家，希望我们保有这种实业精神。"并且，我们还必须懂得存钱和用钱之道。

内村提到了美国金融业者杰伊·古尔德的名字。古尔德为了两千万美元而致使四名好友自杀并打垮众多公司。但是，内村说古尔德并没有将这些财富用于慈善，而仅仅是在死前将其分给了自己的孩子。在不轻视金钱这一点上，内村作为当时日本的基督徒具有一定的独特性，但其并不主张只要一味存钱就可以。

与以上例子不同，也有一些乍一看似乎与优越性无关的情况。

不逃避的勇气
"自我启发之父"阿德勒的人生课

我有时会被人问:"你懂我的痛苦吗。"面对这样的问题,我只能坦率地回答说:"不懂。"理解他人,尤其是对方因为自己并未经历过的事情而痛苦时,即使我们想要努力站在那个人所处的立场去感受,我也不认为能够完全理解。

但是,因疾病而痛苦的人也许会责备那些说"不懂"的人,或者会觉得只有自己痛苦。那时候,他人便会变成敌人。他们会抱怨自己这么痛苦却没人能懂。

这种情况下能够做的事情也许就是努力让别人理解自己的病情。虽然不知道这种努力是否会得到回报,但也别无他法。但是,当放弃这种努力而一味责怪不理解者的时候,那样的人便是想要据此优越于他人。这种意义上的优越性追求只不过是个人性的东西,因为它不会有任何成果。

此外,也有人根本不去努力改变自己所处的状况,而试图通过用不安来让他人支持自己以这样的方式去追求优越性。神经症患者总是需要他人的支持帮助,一直让其他人为自己做事。他人必须为神经症患者服务。让他人为自己服务的时候,神经症患者就会成为优越者。

神经症患者在面对课题的时候,往往会犹豫不决或踟蹰不前,甚至是退却,他们逃避课题,一味想着置身于能够感觉到成功或者可以支配的状况，这无非就是一种安逸的优越性追求。"他们的目标是一样的，那就是：不去努力改善状况就能获得优越感。"

这里的优越性追求一词就像基哈所指出的一样，根本无法避免"上""下"印象之别。实际上，阿德勒本人也的确在某些地方使用过"上""下"这样的表达方式。虽然阿德勒自己也说人生是朝向目标的运动，"活着就是进化"，但基哈认为这里的进化并非"上""下"之意，而是向"前"的运动，提醒人们说其中并无优劣之分。或许基哈所指出的正是个人性的优越性追求。

善之终极目标：善之金字塔

这里首先需要从目标追求方面确认一下优越性追求的定位。

"器官劣等性、娇惯、无视常常会令孩子错误地树立起与个人幸福和人类发展相矛盾的、需要克服的具体性目标。"

行为目标常常由个人创造。任何状况下，人都是靠自由意志主动性地做出决断。

基哈虽然认为人有各自的出发点和目标，但其称终极性的目标为综合性目标（overall goal），个人自己制定的目标为个人性或具体化目标（personal goal 或 concretized goal）。综合性目标诸如力量、美丽、圆满之类的，全都是理想，因此也未必一定会达成。与此相对，以力量为目标的人也许就会想要成为拳击手。在这种情况下，想要成为拳击手这一目标就叫作个人性或具体化目标。阿德勒也采用过例如"完成概念的一种具体化"以及"例如，某些人以下列方式将这种目标具体化的时候"之类的措辞。

我认为基哈所说的这种综合性目标就是善或幸福。正如上面引用的阿德勒之言所表明的一样，人虽然会树立个人层面上的幸福或人类层面上的进化、实现之类的目标，但有时却会制定一些实际上并不利于这些目标达成的个人性或具体化目标。"我们谁都不知道哪一条是通向完成目标的唯一道路。"有的人会将这一目标具体化为诸如支配他人之类的事情。

我认为阿德勒试图通过优越性追求所要表明的含义，原本就可以包含在柏拉图所认为的"善"之终极目标之内。"善"这个词的本来意思是说对自己来说"有好处"。任谁都不会想做对自己没好处的事情，这样的善正是人的行为目标，并且，为了实现善这一目标，人还会树立一些次级目标。

野田俊作列举出的不恰当行为的目的全都是被置于善之下的次级目标。例如，争权或复仇，行为者往往认为以此为目的会实现一些对自己有好处的事情。但是，这么做实际上是否真的有好处，也就是，是否是善或许又是另外一回事。与人争权，即便将对方逼得走投无路，也不会有什么好处。即便证明自己是对的（这里是说争权），一旦对方弃自己而去的话，也没有什么意义。

优越性追求也是次级目标的一种。就像后文将要看到的一样，阿德勒认为倘若是个人性的优越性追求，那根本成不了善。虽然阿德勒后来放弃的"权力意志"，认为它并不是人类的普遍性目标，但或许也会有人将其归为实现善的次级目标。

错误方向的优越性追求

这种优越性追求分正确方向与错误方向。错误方向的优越性追求可列举如下：

（1）支配他人；

（2）依赖他人；

（3）不愿意去解决人生课题。

不逃避的勇气
"自我启发之父"阿德勒的人生课

　　这些都与神经症患者的特征相一致。阿德勒在这里还论述了神经症患者之外的一些人，包括有问题行为的孩子、罪犯以及那些普遍具有自卑情结的人。这样的人在面对人生课题的时候，往往不愿意去加以解决（不愿意去解决人生课题）。他们在面对人生课题的时候，常常认为人生课题无法解决，畏惧失败，采取"犹豫不决的态度"，试图"停滞不前（拖延时间）"。

　　当然，既然有止步不前的人，那就有退却（retreat）的人。"如果……的话"是神经症患者的剧本主题。他们也许会说"如果不是因为懒惰，我连总统都能当上了"，或者会说"如果这个人没有结婚，我就会和他结婚了"。或者说"是的……可是"（yes…but），结果还是不致力于课题。他们会说一些"这件事我倒是想做，可是……"之类的借口，这就是自卑情结。说"可是"，这本身就是在搬出自己无法致力于所面对课题的理由。也就是在使用"因为A（或者，因为不是A），所以无法做B"之类的逻辑。这里的A就是搬出的一种理由，以便借此让其他人接受自己因为这个理由而不去面对课题的做法。

　　例如，阿德勒论述了痴迷于扑克牌游戏的孩子。倘若是在现代，痴迷于电视游戏的孩子或许就会引起阿德勒的关注。孩子往往会说一些因为热衷于电视游戏而无法专心学习之类的话。并且，阿德勒还说那些早婚的青年也会以同样的理由去离婚，其目的就是

第六章
优越性追求

将人生的不顺归咎于婚姻。

这样的人往往还会搬出遗传理论声称自己能力不足，或者将自己今天的失败归咎于父母的教育方式，也有人将问题归咎于性格。某杀人事件的嫌疑犯面对审问时说："自己就是暴躁易怒的性格。因为对方说了令自己焦躁的话，所以就将他杀死了。"当然，这绝不能作为杀人的理由。"人在坦白自卑情结的那一瞬间便是在暗示生活中的困难或者视作状况原因的其他事情。也许他们会讲父母或家人、受教育不足，抑或是某些事故、干扰、压制等。"

原因能够找出很多，但阿德勒将这种以某件事情为原因来说明目前的事件或状态的做法称为"表面因果律"。之所以说"表面"，是因为实际上两件事并不存在因果关系，意思就是原本并无因果关系的事情让人看上去似乎具有因果关系。

他们为什么需要这样做呢？坦率地讲，这还是因为他们必须将目前问题的责任所在模糊化。从过去的事情或者外在事情上去寻找问题责任，这很容易。

例如，问题明明在于与眼前这个人之间的人际关系状态，但却要从过去找原因。甚至就连被认为存在于过去的原因也并不是客观地存在着。已经发生的事情不可能改变，但对过往事件的理解和认识却是当下自己正在做的事情。将原因论与目的论并置是一般性的思维方式，但实际上，原因论也包含在目的论之中。

首先，当神经症患者说如果没有这种症状的时候，其目的就是在借助这种说法来逃避可能要面对的失败。他们会认为做什么事情都必须成功，唯有在能够保证成功的时候才会去挑战。但是，倘若预想到有一点点失败的可能性，无法确信成功的话，便会一开始就不愿去挑战。或者，为了即便失败了也不会因此遭受致命打击，他们会提前做一些预防措施，就好比是走钢丝的人预想到坠落的可能性便提前在下面拉一张网一样。神经症患者的症状就是为这一目的而创造出来的。

像这样，神经症患者的症状只不过是赖以逃避课题的借口。当搬出这种神经症式的借口时，人不仅是在欺骗他人，也是在欺骗自己。像这种找出各种各样的借口，不愿去面对人生课题的情况，阿德勒称其为"人生的谎言"。

其次，神经症患者往往会认为自己无法解决课题，进而委托他人去解决，在这个意义上，他们又会具有很强的依赖性（依赖他人）。关于那些具有明显自卑情结的人，阿德勒说这样的人并不朝着人生的积极面奋进，往往会认为"不去解决问题，获得他人的帮助才是最好的办法"。

再次，神经症患者往往会通过一些症状（例如忧郁、幻觉等）

来支配他人（支配他人）。忧郁的人常常试图通过抱怨自己如何痛苦来支配他人。周围的人无法对生病者置之不理。由于极度不安而无法外出的孩子的父母会无法继续工作。即便是晚上，如果孩子倾诉不安情绪，父母也必须不眠不休地加以看护。如此一来，无论白天还是黑夜，孩子便能成功地将父母的注意力引向自己，进而支配家人。像这样，他们便利用不安来支配他人。"因为，他们认为，必须要有人一直陪在自己身边，去哪里都得跟着。"

这样的优越性追求就是与共同体感觉背道而驰（gegen）的优越性追求。

正确方向的优越性追求

另一方面，正确方向的，也就是伴有（mit）共同体感觉的优越性追求可以从前面看到的（1）至（3）的相反角度去思考。也就是：

（1）不支配他人；

（2）不依赖他人（自立）；

（3）解决人生课题。

不具有共同体感觉的人往往会将自己与世界隔离开来，并以他人为敌。当然，他们也根本不会愿意为被其视为敌人的他人做什么贡献。

在这里需要注意的是，共同体感觉不可以被作为与利己性目标追求相抗衡的第二动因、利他性动因来进行思考。当然，阿德勒认为共同体感觉是一种标准性的理想，可以为优越性追求指明方向。

第七章

关于神经症

神经症式的生活方式

前一章讲到错误的优越性追求与神经症患者的特征相一致。本章将考察一下神经症的构造。

有的人会具有下面要分析到的生活方式。这里之所以使用神经症式的生活方式这种表达是因为并非所有人都会患有神经症,但有些时候,一些人即便没有症状,其生活方式却与实际上有神经症症状的人相近似。基哈对神经症患者(the neurotic)和神经质患者(the nervous)进行了区分。不属于后者的人在这个世上恐怕一个也没有。神经症患者根本不采取任何行动,具有神经症式的生活方式的人即便有时会踟蹰不前,也不会完全停滞下来。即便是那些总是果断挑战课题的人有时也会想要说"是的……可是"。

神经症式的生活方式可概括如下:

(1)我没有能力;

(2)人人都是我的敌人。

这里所说的能力是指能够解决人生课题并对他人做出贡献的能力。关于人人都是我的敌人这一点，阿德勒时常使用"身处敌国之中"（住在敌国之中）之类的表达。

神经症式的生活方式的起源

阿德勒说容易形成这种生活方式的孩子有以下三种类型。

首先，具有器官劣等性的孩子。如前所述，我们把给孩子的生活造成重大障碍的身体疾病称为器官劣等性。具有器官劣等性的孩子既有可能通过自己的力量适当弥补这种劣等性，并据此不去依赖他人，直面人生课题，也有可能会变得具有依赖性，试图将自己的人生课题转嫁于他人。

其次，被娇惯的孩子。长期被娇惯着成长起来的孩子往往会认为自己无法独自面对课题，变得具有依赖性，并觉得自己必须处于关注与照顾的中心，在这个意义上，他们会对他人产生支配性。这满足前文列举的错误方向优越性追求的一切必要条件。关于被娇惯的孩子，第五章已经详细分析过。

第七章
关于神经症

最后，被忽视、遭嫌弃的孩子。这样的孩子会感到自己不被任何人所爱，也不受这个世界欢迎。对这样的孩子来说，他人皆是敌人。既有实际上的确遭嫌弃、不受欢迎的孩子，也有认为自己遭父母嫌弃、不被爱的孩子，认为父母的注意力转移到其他兄弟姐妹身上的孩子就属于这一类。

阿德勒说神经症患者、有问题行为的孩子、罪犯有可能会形成这样的生活方式。在这种情况下，说到神经症患者，仅仅消除症状并不够，必须使其优越性追求伴有共同体感觉，将其根本的生活方式变成带有共同体感觉的生活方式，把自我中心式的关心转为社会性生活与有益活动。阿德勒总是说预防比治疗更重要，在神经症产生之前积极预防，或者注意防止孩子成为罪犯，这种意义上的育儿、教育显然非常重要。这也是育儿、教育被称为是共同体感觉培养的缘故。

神经症的逻辑

在神经症患者接受咨询的时候，我常常问"出现这个症状之后有不能做的事情吗"或者"治好这个症状之后想要做什么呢"之类的问题。

这些问题的意图都一样。有位患赤面恐惧症的女性在被问到"赤面恐惧症治好之后想要做什么"的时候,她回答说"想要与男性交往"。从这个答案就可以明白对这个人来说与男性交往是一个课题,并且她认为该课题无法解决。

倘若按照这个人的逻辑,是因为自己有赤面恐惧症才无法与男性交往,非常紧张,不会好好谈话。赤面恐惧症就成了无法与男性交往的原因。

但是,稍微想一想就会明白,赤面恐惧症并不能被看作是与男性交往的致命障碍。比起初次见面时便毫不胆怯、应答自如的女性,很多男性或许更喜欢看上去有些羞怯腼腆的女性。

那么,为什么这名女性会患赤面恐惧症呢?通过"为什么"这个问题想要了解的不是原因而是目的,或许其不善于处理人际关系才是根本所在。身边有非常善于处理人际关系的人(例如姐姐或妹妹),这个人拥有很多朋友(并且是异性朋友)。当认为自己根本无法胜过那个人的时候,就会想要退出竞争。但是,又不能平白无故地退出竞争,因为那样就等于是认输。因此,为了保存面子,这位女性就需要赤面恐惧症。她会借此形成这样的想法:因为自己患有赤面恐惧症才无法与男性交往,如果没有这个症状的话,我也能够与男性交往……倘若如此,或许自己也能接受。

第七章
关于神经症

但事实是,无法和男性交往与症状并没有关系。只要进行交流训练,与人交往其实并没有那么困难。当然,谈到与男性交往,或许我们并不能期待总是获得理想结果。但是,也不能因此就从一开始便放弃去交往。

当课题实现比较困难的时候,就想要选择逃避,阿德勒用"全或无"这样的说法来解释这种生活方式。

这种事情不仅仅限于神经症。一旦对不愿学习的孩子说你如果学就能学好之类的话,或许他是绝对不愿去学习的。因为孩子想要留住这种只要学就能学好的可能性。

也有人拿过去的经历当作理由。我曾经在电视上看到有位出版了一本副标题为摆脱精神创伤的书的女演员,在出版纪念记者招待会上对记者解释说自己之所以与丈夫关系不好是因为自幼受父亲虐待。可是,尽管不能说与父亲之间的关系对之后人生中的人际关系没有任何影响,但我认为她依然能够努力去经营好夫妻关系。从过去的事情中寻找与丈夫不睦的原因,这似乎是一种错误的做法。就像前面已经看到的那样,阿德勒用"表面因果律"一词来说明这种做法。

不逃避的勇气
"自我启发之父"阿德勒的人生课

关于打击

关于神经症，阿德勒是这么写的。

"人如果集中性地遭到责难，往往会受到打击，这种状态的持续多发生在对人生课题没能做好准备的时候，那样的人（面对课题）常常会止步不前。"对于这种止步不前的做法，我的解释是：面对一切需要解决的问题，没有正确地做好准备，自幼也没有进行过协作。

但是，还必须说明一点。我们在神经症患者中看到的往往是痛苦和不愉快。即便我劝说某人在面对难以攻克的课题时，用头痛（其实与所面临的状况无关）来为自己开脱，恐怕他也做不到吧。因此，必须立即撤销一切诸如神经症患者创造了痛苦或者想要生病之类的解释。

解决课题时，人的确是很痛苦的。但是，在解决课题的时候（无法解决），为了不令自己看上去没有价值，比起更大的痛苦，神经症患者往往会选择目前的痛苦。神经症患者会忍受神经症带来

第七章
关于神经症

的一切痛苦。无论是否患有神经症，人或许都极其反感显露出自己没有价值，但神经症患者会表现得更明显。

神经过敏、焦躁、冲动、个人野心等若表现得过于明显，或许就能够理解为什么这样的人只要感觉有显露自己没价值的危险就不愿朝前迈进的原因。

那么，像这样受到打击之后人会产生什么样的精神状态呢？并非人有意创造，也并不希望其出现，但精神性打击的结果，感觉很失败的结果，或者是恐惧显露出自己没价值的结果，这些的确会导致打击状态的存在。但是，有的人既不愿意努力克服这样产生的打击，也不知道该如何摆脱打击，也许就知道一味地盼望打击消失，也许会不停地说想要情况好起来以便尽快摆脱症状。因此，他们也会找医生看病。但是，却并不知道自己有更恐惧的事情。那就是显露自己没价值，或者是自己没价值这一隐藏秘密可能得以暴露。

即便是遭受责难或打击，其影响是否会持续也因人而异。人对刺激或经历的体验并不会完全一样，大家会按照自己的目的赋予经历一定的意义，这一点前文中已经分析过了。

阿德勒在其他地方又对打击做了如下表述：

不逃避的勇气
"自我启发之父"阿德勒的人生课

"如果是健康的人,一般能够克服打击的持续影响。但若是不太健康的人,多少会让这种打击保持下去,以便作为解决问题的借口。"

人在遇到事故或灾害的时候,并不能说不会因此受到打击。但这种打击未必会一直持续下去。阿德勒讲"解决问题的借口"时的"解决"并不是积极方向上的解决,而是逃避问题方向上的解决。

我儿子上小学的时候,偶然在电视上看到了一个同龄男孩被游泳池的排水槽绊住脚差点儿溺亡的场面。虽然事件中的孩子最终被安全救了过来,但看过了真实再现事故的影像,尤其是涉事孩子痛苦挣扎的场景,儿子很长一段时间都不愿去游泳池游泳。

虽然我儿子很快就忘记了电视上的这件事,但面对难以解决课题的人往往会想要借助给自己造成打击的事件来做出一些试图逃避课题的行为。

不懂关心他人,只知道考虑自己的孩子一旦听到人说外面的世界很可怕,就会将其作为不做某事的绝佳借口。不去学校或外面的世界,因为外面很可怕,但如果是在家里,父母会守护着自己,自己在这个家里即使什么都不做也能够成为关注的中心……希望大家不要让孩子有这样的想法。

第七章
关于神经症

但是，即便是孩子表示出不愿去学校上学，也跟看了电视受到打击这件事没有任何因果关系。

打击无论是由什么事引起的都是一样的。恐惧死亡的人有很多，不仅仅限于孩子，有的人便会试图以这种对死亡的恐惧为借口逃避所面对的人生课题。

阿德勒说，初次接触死亡，并且还是突然到来的情况，这会给孩子造成极大的打击，有时甚至会终身留有影响。对死亡毫无准备的孩子一旦突然面对死亡，就会第一次明白人生有终结这件事。孩子也许会因此受到惊吓进而变得消极，但是，就像阿德勒自己所做的一样，医生中也有人是因为突然遭遇死亡而选择了这个职业。

关于家庭状况、疾病、死亡的记忆等，阿德勒是这么说的："留在孩子心中的痕迹在其以后的人生中会显现出来""孩童时代的经历就像是刻在孩子心中的活碑文，孩子无法轻易忘记"。但是，如果接受协作训练，就可以消除这种影响。"即使是事故或灾难，倘若孩子适当接受协作训练，也能够回避。"不过，需要注意的是，给孩子过度施加这种训练负担，有时反而会妨碍孩子接受来自父母的协作训练。

高于神经症的痛苦

此处的另一个论点是神经症患者并非期待这种痛苦。但是,"在解决课题的时候(无法解决),为了不显露出自己没价值,比起更大的痛苦,神经症患者宁可选择现在的痛苦"。因为害怕"失败的感觉"或者由此导致的自己"没价值这一秘密得以显露",所以就选择现在的痛苦。

如此一来,即便神经症患者并不希望这样,但由于这种痛苦是作为需要的理由而做出的选择,也能明白仅仅保持这种症状还是不够的。神经症带来的不仅仅是痛苦,长期维持该症状其实具有一定的自我毁灭性,倘若不能真正明白这一点,神经症或许就不会消失。

"理解神经症患者的最佳方法是将神经症的症状全都放在一旁,转而去调查患者的生活方式和个人性的优越性目标。"

并不是去关注神经症本身,而是注意考察神经症患者之前的生活方式和优越性目标。阿德勒以偏头痛的人为例来进行说明。

第七章
关于神经症

正是在需要那种症状的时候,头才会痛。例如必须去见不认识的人或者不得不做出决断之类的时候,试图以此来逃避人生课题。或者企图利用该症状去支配家人,即便是头痛症状消失,也依然会出现失眠之类的新症状。"只要目标一样,就必须不断地去追求它。"有的神经症患者会以惊人的速度摆脱症状,然后毫不犹豫地获取新症状。

如果仅仅是美好意图

关于神经症,阿德勒还做了如下论述。

"据说神经症患者都具有最美好的意图。无论是需要共同体感觉,还是必须面对人生课题,对此,他们都深信不疑。但却会说唯独自己是这普遍性要求中的一个例外,其为此搬出的借口就是神经症。有句话道出了神经症患者的整体态度,那就是'我想要解决我的所有问题,但不幸的是遭到了阻碍'。"

"神经症患者往往认为只要表示出美好的意图就可以了,但是,仅仅表示出美好的意图是不够的。我们必须告诉他们在社会上重要的是实际去完成、实际去给予。"

如果是在可能性之中，什么事情都可以说。阿德勒说"如果……的话"是神经症患者的剧本主题，这一点前面已经分析过了。并且，他们会说着"是的……可是"，但最后还是不愿意致力于课题。神经症患者"认同他人需要共同体感觉以及必须面对人生课题"。正因为如此，他们才能说出"是的"，但随后为了让自己和他人都相信自己做不到，他们常常会费尽口舌。虽然说是解决自己的课题"遭到了阻碍"，但他们却意识不到其实是自己在进行阻碍。

被排除的幸福

神经症患者常常会说"如果……的话"。但是，那些假设会实现的事情或许原本就不会发生，神经症患者只是在通过这样的假设来延迟人生。这种神经症的逻辑会阻碍人活在"当下"，脱离开当下的幸福其实并没有什么意义。或者说，幸福就只存在于当下。像神经症患者那样将人生延迟的做法等于是在拒绝幸福。在神经症的逻辑中，幸福一开始便被先验性地排除掉了。

神经症患者实际上能够获得幸福。但是，与其致力于课题失败后而表明自己没有价值，他们宁愿沉浸在不幸之中。

第七章
关于神经症

世界形象与自我中心性

阿德勒说，广场恐惧症是人们为了不到充满危险的外面去而被创造出来的。广场恐惧症患者往往认为世界充满危险，他人都是敌人，因此不可以到外面去。这是其儿童时代的再现。也就是说，孩子和作为守护自己的唯一同伴母亲一起面对世界。那时候，外面的世界是危险的，因此，孩子不愿意离开自己受保护的环境而到外面去。

这种症状的另一个目的则是使唤守护自己的人。阿德勒引证的某位被娇惯的女性由于想要占据关注的中心地位，而并不认为生孩子是件高兴的事情，因为害怕孩子比自己获得更多的关注。恰好在那个时候，丈夫扔下产后刚刚恢复的妻子，休假去了巴黎。然后，丈夫还写信告诉妻子说自己见了很多人，过得很精彩。极其恐惧失去丈夫的爱，并担心自己被丈夫忽视的妻子觉得自己不再像坚信被温柔的丈夫深深爱着时那么幸福了，她的内心无比失落，进而患上了广场恐惧症。妻子变得无法独自外出，丈夫必须时刻陪伴照顾着她。在这种情况下，妻子通过这种症状成功获得了丈夫的关注，只要是在家里，她的不安感就会消失，因为家里有照顾自己的丈夫在。

阿德勒还对这种症状做了如下说明：

"必须清除的最后障碍就是消除其与诸如路上擦肩而过者之类的不在意他的人打交道的恐惧。这种恐惧源于排除一切自己不是关注中心之状况的广场恐惧症的多疑恐惧。"

这是一个新论点，表明患有广场恐惧症的人并不是出于外面的世界很危险这个原因才不愿意到外面去，而是想要逃避面对一旦到外面去就没有人会关注自己这一事实。

面向未来的原因论

明明并非一定会发生坏事，但有的人还是认为未来发生的事情一定是坏事。例如，死亡究竟是怎么回事，实际上谁都不知道，但却有很多人恐惧死亡，我认为这就是因为了解其未知性。有些人之所以会如此思考死亡是因为，虽然将要发生的是以后的事情，暂且不问其具体用意，但认为会发生坏事肯定是有好处的。人们

第七章
关于神经症

认为过去发生的事情是目前状态的原因其实是有目的存在的，同理，当前人们也会去判定未来发生的事情将成为现在以及今后状态的原因。

我将这种想法称作面向未来的原因论。阿德勒说，有些孩子总是认为自己肯定不会幸福，一定会失望。"这样的孩子找不到被爱的感觉，常常觉得他人比自己获得的爱更多，或者由于幼年时期的困难经历而近乎迷信地担心悲剧会再次发生。"

不难想象具有这种恐惧感的人在婚姻生活中也许常常会嫉妒和猜疑。并且，一旦这么想，发现对方对自己的爱逐渐减少的证据也只是一个时间问题。无论多么小的事情都会盯紧，唯恐看漏了什么。担心他人比自己获得更多的爱，是已经分析过的被娇惯的孩子的特征。明明曾一度专享父母的爱或关注，但后来却失去那种特权的经历在当前甚至未来都会影响着这种人的生活方式。将未来也囊括进来的原因论当然有其目的存在，那就是通过这种思维来接受自己的不幸，或者，即便现在很幸福，也可以据此减轻将来失去幸福时可能受到的打击，在这个意义上来讲，其又是目的论。

正如上文所表明的一样，并不是仅仅消除症状就万事大吉了，人们必须要从根本上改变对于自己或世界的看法；要相信自己有解决人生课题的能力；要认识到这个世界并非到处都充满危险；

不逃避的勇气
"自我启发之父"阿德勒的人生课

也要明白世界绝不会围绕着自己转,但这个世界上也有自己的位置存在。

那么,为此应该怎么做呢?接下来我想要从教育和治疗的观点(第八章)进行探讨,并进一步考察改变自己生活方式的目标(第九章)。

第八章

鼓励：教育和治疗

教育

阿德勒认为，教育虽然需要父母与教师的协作，但从根本上来说，对教师的影响以及由此带来的教师自身的变化是教育孩子的必要条件。教师的责任及阿德勒寄于教师的希望非常大。他甚至说："教师塑造孩子的心灵，人类的未来就掌握在教师手中。"

总的说来，阿德勒对于父母的要求很高。教师往往会在学校接收一些受到父母错误家庭教育影响的孩子。阿德勒认为，家庭教育的失误要尽量由学校来弥补。为此，就需要为那些一直对孩子施以错误教育的父母开展"父母教育"。但是，也必须严格地对教师进行相关资质的考察，这一点无论是在今天还是阿德勒时代都是一样的。本章不对教师和父母加以区分，总体考察一下与孩子打交道时的注意事项。

不逃避的勇气
"自我启发之父"阿德勒的人生课

育儿和教育方针

阿德勒在治疗有问题行为的孩子时,会试图弄清楚就诊孩子的生活方式的失误之处。人是无法分割的整体,例如,我们根本不能将犯罪从那个孩子的其他行为中隔离开去,必须观察其根本的生活方式。还必须注意一点:并不是展露出来的生活方式驱动人,而是人选择了某种生活方式并去使用它。

一旦搞清楚了这一点,孩子就会明白并不一定非要采取那种行为。同时,大人通过置身于孩子的立场,就能够与孩子产生共同体感觉,知道倘若在那样的状况下依照与孩子相同的错误的生活方式,自己也可能会做出一样的行为。如果父母能够产生共同体感觉,就不会再去胡乱地批判或责备孩子了。从孩子的角度来看,或许也会觉得自己获得了接纳和理解。

此外,如果明白了孩子的行为目的,也就能够共同探求更加有效的达成手段,或许还能探讨其行为目的本身是否可以有所改善。

该如何面对父母呢?即使责怪父母过去的教育也无济于事。

第八章
鼓励：教育和治疗

谈论这个问题的时候要依据一个前提，那就是：孩子所展示出的不良性格特征并不能全部归咎于父母。父母毕竟不是高明的教育家。因此，即便去责怪父母过去的教育也于事无补。而且，对孩子的治疗缺少不了父母的协作，因此，首先要努力获得父母的信赖。

阿德勒认为教育孩子时应该怎么做呢？通过下面的引文可以明白其观点。

"弄明白孩子的教育是严格型还是娇惯型也非常重要。个体心理学者认为教育孩子时既不应该太过严格也不应该过于娇惯。需要做的事情一方面是理解孩子，尽量避免错误的教育方式，还要时常鼓励孩子，以便其在面对问题时能够独立解决并培养起共同体感觉。总是唠唠叨叨教训孩子的父母会害了孩子，因为这会大大削弱孩子的勇气。另一方面，娇惯教育则会助长孩子的依赖态度与孤僻倾向。父母应该尽量避免极端化地跟孩子谈论世界，既不要将世界说得太过理想化，也不要用悲观性的语言去描述世界。父母的课题就是引导孩子尽可能地为人生做好准备，以便他们能够独立完成自己的事情。没有被教导过要直面困难的孩子也许就会试图避开所有困难，这将大大缩小孩子的活动范围。"

不批评

首先,阿德勒否定了惩罚教育。阿德勒详细说明了那种为了激起斗志不足的孩子沉睡的野心而严苛管教的做法的弊端与危害。倘若孩子缺乏勇气的话,这种方法只会挫伤孩子的勇气。

此外,教师也往往会为这样的孩子打低分,这会导致孩子不仅仅会被老师惩罚,还会在家里受到父母的惩罚,进而令事态愈加恶化。一旦受到惩罚,孩子就会强烈感觉学校没有自己的位置,找不到归属感。能够感到有自己的位置也就是归属感,是人的基本欲求。

并且,绝对不能相信那种通过让孩子蒙羞或丢脸能改善其行为之类的说法。

阿德勒否定惩罚的思想也涉及了对罪犯的处罚。一旦惩罚罪犯,就会进一步增强其与世界的敌对性,导致其拒绝协作。罪犯想要躲过警察,即使被抓住,也只会认为是自己倒霉,后悔没有将犯罪行为干得更巧妙一些。即便不是像罪犯这么极端的例子,

第八章
鼓励：教育和治疗

道理也是一样的。虽然事情并不是只要不被发现就万事大吉，可是一旦将惩罚用于教育，孩子可能就会这么想。

使用惩罚的权威主义教育会"疏远"大人与孩子的关系。大人需要帮助孩子。但是，倘若大人与孩子之间的关系不好，就无法去帮助孩子。

不娇惯

另一方面，阿德勒也否定了娇惯教育。正如前文已经看到的那样，阿德勒说"固执自我"是个体心理学的主要批判点。娇惯会助长孩子的自我中心性、依赖态度以及孤僻倾向，这一点我们在第五章已经明确阐述过了。无论是现在还是过去，如果不是格外注意的话，父母往往会让孩子陷入竞争。时常处于竞争状态的孩子很多会成为只知关心自己的利己主义者，而这种利己主义正是阿德勒倡导的协作之反义词。并且，利己主义者总是只关心自己，是不懂共同体感觉的以自我为本位的人，是"同伴"的反对者。

有的孩子只知关心自己，认为外界充满困难与敌对性，他们长期以来也一直被教导"要只考虑自己"。这样的孩子并不想努力保持自己的人生与身边人的人生之间的和谐，他们由于太过在意自己而无法考虑他人。

阿德勒认为这类孩子的问题在于自我中心性。在这个社会，并非只有自己一个人，还有"同伴"。如何认可这种"同伴"的存在，是阿德勒思考的根本问题。共同体感觉最大的含义是对他人的关心、对人际关系的关注。阿德勒说这种共同体感觉是个体正常成长的重要决定性要素，也可以说是孩子是否正常的标志。

像这样，知道关心他人，懂得协作，也就是具有共同体感觉，阿德勒称之为"整体的一部分"。并且，阿德勒还说明了以利于人类普遍性的、善之方式行事为目标训练孩子的重要性。

保持平等

当阿德勒说教育孩子既不能训斥也不能娇惯的时候，也展示出了其关于人际关系结构的独特看法，这在今天依然适用，或者也可以说阿德勒提出的理想在今天仍未能实现。

由于无法继续在维也纳待下去的阿德勒转向了新天地美国，

第八章
鼓励：教育和治疗

阿德勒的思想进一步开花结果。在美国，阿德勒看到了这样的事情。

"已经没有学校再要求孩子们必须双手交叉放在膝盖上安静地坐着一动不动了。"

当阿德勒对照自身在维也纳所受的古板教育经历时，在美国看到的这种情景肯定对其造成了极大的影响。显然，传统的教育方法或许已经不再适用于这样的孩子。

孩子不会再仅仅因为老师这一身份便去尊敬老师。这是教育的堕落吗？阿德勒并不这么认为。阿德勒在20世纪20年代便说了下面这样的话。

"如果想要和睦地生活在一起，那就必须互相平等以待。"

阿德勒在去美国之前便认为人与人之间是平等关系。如果基于平等关系去看待、尊重并真心信赖孩子，那就没有必要用权威去压制孩子了。阿德勒的孩子亚历山德拉和库尔特也证明说自己的父亲从未惩罚过孩子。

不逃避的勇气
"自我启发之父"阿德勒的人生课

不表扬

表扬是阿德勒否定的娇惯教育。随后我们会在其他文章中探讨期待被赞赏或被他人认可这个问题，这里首先从人际关系的角度论述一下表扬的无效性。

某日，咨询室来了一位带着三岁女儿一起前来的咨询者。咨询者说那天她没有找到能够帮忙看管孩子的人。当然，我这边没有任何问题，于是便准备了孩子坐的小凳子。看着孩子的儿童背包里装有母亲准备的糖果、玩具、布偶之类的东西，就知道母亲认为咨询期间孩子无法保持安静。

可是，跟母亲的预想相反，那个孩子能够安静地等待。因为三岁的孩子完全能够理解自己所处的状况，所以，对此我并没有感到意外。

咨询结束的时候，母亲对孩子说："你可真棒啊！能一直耐心地等待！"我想很多父母都会很自然地这么说。

第八章
鼓励：教育和治疗

还有一次，有位男士来进行心理咨询。咨询结束时一问才知道那个人是让妻子开车送自己来的。于是，我便建议他下次来咨询时让妻子也一起过来。

一个小时的心理咨询之后，丈夫究竟对一直等待自己的妻子说了什么呢？很显然，他并不会对妻子说像前面的那位母亲对孩子说的话。假如听到丈夫对自己说"你可真棒，能一直耐心地等待"之类的话，但凡是具有正常语言感觉的人，或许都会认为对方是在小瞧自己吧。

大人之间不会使用这样的对话方式，但却会这么去表扬孩子。这种差别不是说错话的问题，并非是不小心说出了那样的话，而是跟人际关系构造有关。也就是说，当认为对方不如自己的时候，才会说出"你真了不起啊"之类的表扬语。我认为表扬是有能力者对没能力者所做出的自上而下式的评价语言，其前提应该是有上下高低之分的人际关系。

如果有人怀疑孩子的能力或者认为孩子低于大人，希望其能够想到阿德勒早在19世纪20年代便已经论述的大人与孩子之间的平等关系。即便是孩子也不喜欢在人际关系中被人看低，仅仅因为是孩子便被小瞧的年代应该已经结束了。记得我的一个学生曾经说，他非常反感每当与父母发生争执便会被不容分说地训斥"你明明还只是个孩子"。

不逃避的勇气
"自我启发之父"阿德勒的人生课

　　男女关系已经是一个长期被关注的问题了,因此,我认为今天应该不会有人公然说男尊女卑之类的话了,但在意识层面上,似乎依然还有很多人认为男性的地位高。

　　关于婚姻,阿德勒支持一夫一妻制,在这一点上他曾被认为保守。但是,读一读阿德勒下面的话,或许就能够理解其先驱性了。也就是,爱和婚姻的问题唯有基于完全平等之时才能够得以解决,如果以平等精神去应对,就能够妥当处理婚姻这一课题。结婚之后,倘若一方想要征服对方,那或许会导致致命性的结果。此外,婚姻中一方如果总是想着去教育批判对方,也会造成问题。有的人会说经济上又没有什么不宽裕之处,哪里来得不满呢?这种想法本身就有问题,但让这样的人明白这一点并不简单。明明每周都带其出去玩……也许对于那个人成长的家庭来说,这是理所当然的事情,但当成长于不同家庭的两个人组建新家庭的时候,对自己来说理所当然的情况并不通用。

　　表扬还存在下面这样的问题。前面已经看到,关于有野心的孩子,阿德勒认为那样的孩子离开他人的赞赏就没法活,因此,他们往往容易被他人的意见所左右。

　　以获得赞赏为目标的孩子无法取得预想成绩时就会出问题。一直被认为前途有望的孩子往往会认为自己无法满足他人的期待。

第八章
鼓励：教育和治疗

孩子对于被期待这件事起初并不会在意，甚至还有可能会以此为傲。但慢慢就会开始担心也许自己无法做到满足外界的期待。只要是被支持、被表扬着，孩子就能够朝前行进。一旦被忽视时，孩子面对课题就会采取犹豫不决的态度，或者干脆停滞不前。

希望孩子能够做到即便不被表扬也去致力于自己的课题。这并不仅仅是孩子的事情，希望大人能够帮助孩子，让其即便长大之后也不畏惧别人的目光，不为满足他人的期待而活。

鼓励

既不主张惩罚教育也不认可包含表扬在内的娇惯教育的阿德勒说了下面的话。

"几乎可以说是负有神圣义务的教师最神圣的工作就是努力让孩子在学校不被挫伤勇气，并且让那些入学前已经被挫伤勇气的孩子通过学校和教师重新找回自信。"

这种帮孩子找回自信的做法称为"鼓励"。倘若不帮助孩子树立面对课题的自信，他们就会变成根本不愿去致力于课题的孩

不逃避的勇气
"自我启发之父"阿德勒的人生课

子。并且，这些应该面对的课题很多都与人际关系有关，因此，需要帮助孩子认识到他者不是敌人而是同伴。显然，通过惩罚无法实现这一目的。另外，娇惯也只会让孩子变得固执自恋。

因此，代替一味的惩罚，阿德勒说在限定合理范围的基础上，"教导孩子最好的方法是让其从经历中学习"，另外，能够代替娇惯教育的是阿德勒提倡的鼓励教育。

阿德勒说鼓励在教育中最重要。困难并非无法克服的障碍，而是需要去面对和征服的课题。鼓励就意味着帮助孩子树立能够面对这种困难的自信。

鼓励如果借助前面的引文，也可以做如下解释。

"父母的课题就是引导孩子尽可能地为人生做好准备，以便他们能够独立完成自己的事情。没有被教导过要直面困难的孩子也许就会试图避开所有困难。这将大大缩小孩子的活动范围。"

"如果被鼓励并被授以自立的方法，这个少年就可能被治愈。为此，孩子必须获得能够自己独立完成工作的机会。如此一来，就能够树立可以完成的自信。"

不可以妨碍孩子去面对困难以及完成自己的工作，要帮助孩

第八章
鼓励：教育和治疗

子成为即使面对困难也不会丧失勇气的人。对于这样的孩子来说，学习新东西只会是一种喜悦。虽然学习需要努力，但不畏惧困难的孩子绝不会厌恶努力和忍耐。被娇惯的孩子往往害怕自立，与此相对，被鼓励的孩子不会认为自立是一种困难，也不会畏惧失败。他们会认为自己获得了"达成与贡献的机会"。

正是由于认为自己能做到所以才能做到

《侏罗纪公园》的作者迈克尔·克莱顿九岁起便踏出了作为作家的一步。在医学院上学时，父亲不为其支付学费。于是，他便下定决心用稿费来供自己上学，这成了作家迈克尔·克莱顿诞生的决定性因素。此前，作为记者、编辑的父亲也给了克莱顿各种各样的刺激。

十四岁时，迈克尔·克莱顿便靠给《纽约时报》写旅行日志获得了稿费。去看亚利桑那州的日落火山口国家纪念碑的时候，他感叹说也许大部分游客都不知道那个地方的美妙有趣，于是，父母便建议他将这些感触写下来投稿给《纽约时报》。

"《纽约时报》？可我还是个孩子呀！"

不逃避的勇气
"自我启发之父"阿德勒的人生课

"那没有必要对任何人说啊。"

克莱顿看着父亲的脸。

"在要来旅游管理事务所的资料后,去采访那里的员工吧!"父亲说道。

于是,让家人在烈日下等着,在想好要问的问题后,克莱顿就去采访那里的员工了。

"看上去我的父母似乎认为年仅十四岁的儿子能够胜任那项工作,我因此得到了鼓励,获得了勇气。"克莱顿这么说道。

阿德勒引用诗人维吉尔的例子来说明给孩子灌输乐观主义的重要性。

"正是由于认为自己能做到所以才能做到。"

当然,阿德勒此处要讲的并非精神主义之类的思想。比如,我即使想要跑完全程马拉松,也没有那个基础。但是,阿德勒却道出了孩子过低评价自己的危险。那样的孩子往往相信自己"已经追不上了"。并且,这种想法会成为孩子一生的固定观念,导致其故步自封、不思进取。但实际上,孩子并非真的追不上。倘若丢弃固定观念就能够追上,因此,父母或教师必须指出那种判

第八章
鼓励：教育和治疗

断的错误性。

儿子在四岁的时候制作了一条铁轨（塑料的铁路模型）。组装后的复杂的轨道实在是一个精彩的作品。母亲看到之后惊叹道："好棒的铁轨啊！你自己做的吗？你都能够制作这么难的东西了呀！"但是，儿子对此却回答说："是啊，大人看起来好像很难，但这其实很简单。"

在这样的对话之后，儿子放弃了制作铁轨。虽然母亲赞叹说"好棒"，可能是想要鼓励其继续制作铁轨，但儿子却因此被削弱了进一步做下去的积极性。当时我想孩子也许是因为不愿被从大人的立场去评价制作铁轨这件事，但或许在儿子看来，说原本并不认为其能够做到却做得很好，这本来就很失礼吧。

我认为在前面提到的与家长一起来进行咨询的三岁小女孩看来，等待一个小时也许并不是什么难事。正因为大人坚信其难以做到，才会去表扬没有打扰大人谈话一直安静待着的孩子。

当然，有些事孩子无法做到。即便说大人与孩子平等，但也并不是说两者完全相同。从知识和经验的角度看还是大人更丰富，双方能够承担的责任大小也不一样。但是，即便如此，孩子的能力还是会超出大人的想象。

不逃避的勇气
"自我启发之父"阿德勒的人生课

因为被说"你不行"便认为实际就是那样的孩子，会形成阿德勒所讲的影响其一生的固定观念。

阿德勒通过引用自身学数学的事例来说明才能并不取决于遗传，孩子完全可以消除自我设限。有一次，老师面对看上去难以解答的问题发愁。那时，只有阿德勒知道答案。由于这次成功，阿德勒对数学的感觉发生了巨大变化。从那之后他开始喜欢学数学，并寻找一切机会去提升自己这方面的能力。基于这个经历，阿德勒说他明白了特殊才能或先天能力之类的说法是错误的。结合以上事例，我们也就能够很好地理解不认可才能或遗传影响的阿德勒开始主张"任何人都可以做到任何事"了。

但是，阿德勒的这一口号受到了批判。于是，阿德勒亲自辩护说这不可以单单按照字面意思去解释，该口号的目的仅仅是想要在与有问题的孩子们打交道时，于教育者和治疗者之间植入乐观主义精神。倘若想一想自我设限的弊病，就能够很好地理解阿德勒主张"任何人都可以做到任何事"的用意了。

不擅长数学的女儿亚历山德拉曾得到了父亲阿德勒下面这样的教导。有一次，亚历山德拉没有参加考试便跑回了家。阿德勒对其说："怎么了？你真的认为这种谁都能够做到的简单事情自己就做不到吗？去尝试的话，就一定能够做到！"之后，亚历山德拉在很短的时期内便将数学成绩提升到了第一名。

第八章
鼓励：教育和治疗

对被娇惯孩子的鼓励

阿德勒为坚信自己什么都做不到的十一岁少年进行了这样的心理辅导。

"（阿德勒）你学过游泳吗？"

"（罗伯特）嗯。"

"（阿德勒）你还记得刚开始学游泳时的辛苦吗？我想你一定花了很多时间才练得能够像现在这样游泳吧。什么事情一开始做都很难。但是，坚持一段时间的话，就能够做好了。因为你能够学会游泳，所以，读书、计算之类的事情肯定也能够学会！可是，这需要你专心致志、坚持不懈，不可以期待什么事情都由母亲来为你做，也不能因为别人会比你做得好而心怀顾虑。"

"不可以期待什么事情都由母亲来为你做"，这就是对被娇惯孩子的鼓励。

不逃避的勇气
"自我启发之父"阿德勒的人生课

不剥夺贡献的机会

并不仅仅限于孩子,父母也不可以替孩子做孩子自己能够做到或者必须去做的事情。

假设有一个三岁的女孩儿开始为玩偶缝制帽子。看到这种情形,大人如果夸赞帽子好看并提出如何可以做得更好的建议,小姑娘就会受到鼓励。或许还会更加努力地去钻研缝纫技术。

但是,与此相对,倘若大人说"快放下针!你会受伤的!你没有必要缝什么帽子!等着我出去给你买顶更漂亮的回来",她或许就会放弃努力。这其中的差异显而易见。

此外,我们也需要关怀担心自己可能已经不被需要的老人。那样的老人可能会成为对孩子言听计从的温顺老人,对孩子过分纵容,或者也可能会成为满腹牢骚的批判家。阿德勒说老人感觉被丢在一旁是很可怜的事情,并主张"即使是六十、七十或者八十岁的人,也不可以劝其辞掉工作"。如果是现在,即便是更加高龄的人,也不可以剥夺其工作机会吧。

第八章
鼓励：教育和治疗

贡献感

像这样，不去剥夺其贡献的机会，就育儿、教育来讲的话，那就是让其获得贡献感。要对孩子说"谢谢""多亏有你帮忙"之类的话并不是希望借此让其在其他机会中采取妥当行为，而是希望孩子可以通过获得一种自己能够发挥作用的贡献感而感到自己具有贡献能力，继而悦纳那样的自己。

引导孩子视他人为同伴

那么，母亲如何帮助孩子也能视自己以外的人为同伴呢？如前所述，娇惯孩子的母亲往往不愿意让孩子去关注自己之外的人。

孩子要学会关心他人，需要去贡献，但若其贡献的对象原本就只有母亲自己，并且还认为他者对自己来说不是同伴而是敌人的话，或许就会不愿去贡献吧。并且，身处残酷的外面世界的被娇惯的孩子甚至会认为遭到了母亲的背叛。不仅仅是母亲，在新的世界里，人们不会顺从自己。其他人不会满足自己的期待，因此便会觉得"宛若身处敌国"。倘若因为某些事去惩罚这样的孩子，那只会强化其认为的"所有人都是敌人"的想法。被娇惯的孩子一般不懂得通过做一些对他人有用的事来获得认可。

与这样的孩子打交道时，表扬或许也是一个问题。母亲如果只去关注孩子令自己高兴的时刻，孩子就不会去关心母亲以外的他人。因为这样的孩子做出的往往都是为了令母亲高兴的行为。

因此，为了让孩子懂得关心他人，父母需要去关注孩子的贡献。就像前面已经看到的那样，可以对孩子说一些"谢谢"或"多亏有你帮忙"之类的话。如此一来，孩子就能学会对包括母亲自己在内的他者做出贡献，去关心更多的他人。

治疗中的鼓励

不仅仅是教育，在神经症患者的治疗中，也必须对其进行鼓励。在阿德勒心理学中，治疗、心理辅导就是再教育。如前所述，仅仅除去症状是不够的，阿德勒说，训练患者摒弃犹豫不决的态度，

第八章
鼓励：教育和治疗

并让其理解自己有面对困难、解决人生课题的能力，这是构筑自信的唯一方法。

"如果真的想要给予帮助，那就应该给人以勇气和自信，并让其好好理解自己的错误。"借助催眠，也许患者一开始会去解决困难，但不会改变生活方式。此外，阿德勒还说仅仅让酒精依赖症患者不喝酒还称不上是妥当治疗，必须弄清其生活方式并加以矫正。

关心他人

《人为什么会患神经症》中阿德勒提出的抑郁症患者的"间接治疗法"之一就是：如果好好思考一下怎么能够带给他人喜悦的话，两周之后，病情就会好转。这本书中虽然并未详细描写这部分内容，但在其他著作中，阿德勒对该建议做了如下阐述。"每天都想一想怎样能够让他人开心"。阿德勒问读者知不知道这是怎么回事。"抑郁症患者满脑子想的都是'怎样能让他人烦恼'，答案非常有趣。有人这么说：'很简单。因为这是我一直在做的事。'当然，那样的事情，我一次也没有做过。"大家或许会认为阿德勒是在开玩笑，但这个如何让他人开心的建议是有一定用意的，那就是"我想将关心转向他人"。

治疗就是再教育，这是阿德勒的观点，而教育的目的就是培养共同体感觉，意思就是将对自己的关心（self interest）转为对他人的关心（social interest）。social interest 就是共同体感觉（Gemeinschaftsgefühl）的英译。

作为同伴对峙

阿德勒讲了一个有关一句话也不愿说的综合失调征患者的案例。她在长达一个月的时间里完全不开口说话，但阿德勒还是继续跟其说话。一个月后，虽然情况依然混乱且难以理解，但她却开始说话了。"我成了她的朋友，她感觉受到了鼓励。"。但是，事情并没有那么简单地进展下去，阿德勒遭到了这名患者的殴打。她不知该如何应对再次被唤起的勇气。因为不怎么有力气，阿德勒只能任其殴打，这一点她并没有预想到。她打破了窗户，用玻璃割伤了手。阿德勒并没有责备她，还为其包扎受伤的手。

从这之后，她得以康复。某一天，阿德勒在街上遇到了她。她问阿德勒"在这里做什么呢"，阿德勒则邀请这位患者一起到

第八章
鼓励：教育和治疗

其工作了两年的医院来。在自己为其他患者治疗期间，阿德勒让她以前的主治医生来陪其说话。当阿德勒回来的时候，那位主治医生说：

"她已经完全康复了。但有一件不能令人满意的事：她不喜欢我。"

在教育、育儿、治疗中，最需要的是获得信赖，将对方作为一个人、同伴去对待。阿德勒说，一方面，如果去纵容已经习惯了被娇惯的患者，那就能比较容易获得患者的喜爱，但他否定这样的相处方式。另一方面，如果轻视患者，就会招致敌意。纵容和轻视都不能帮助患者。倘若去掉性的意义，弗洛伊德派所讲的精神转移其实只不过是一种共同体感觉。不能以权威者的姿态将患者置于依赖与没有责任心的位置，必须对其展示出"作为一个人的关心"。

第九章

寻求人生意义

我能做什么

在上一章中，我们提到鼓励是教育或治疗的基础，也思考了如何才能鼓励他人。但是，实际上，即便是我能鼓励他人，他人却未必能够鼓励我。不仅如此，如果期待他人的鼓励，那就与期待被表扬没什么不同了。

本章将考察一下个体应该怎样更好地生活。

保持现状就可以吗

说"做你自己就可以"难道不会成为一种娇惯吗？

父母都希望将孩子培养成社会中的良好一员。但是，他们并不知道该怎么去做。倘若太过严厉，也许很难成功达成这一目标。可是，"如果娇惯孩子，将其置于关注的中心，也许就会导致孩子根本不愿努力获得他人的好感，认为自己的存在本身就很重要。"

如果存在本身就可以获得父母认可，被娇惯的孩子自己也许就会认为保持现状就可以，继而放弃对他人做出贡献的不懈努力。这样的孩子总是希望获得关注，总是有所期待。倘若无法找到获得满足的简单方法，被娇惯的孩子也许就会因此而去责备某些人或事。即便父母认为其教育很严格了，但如果让孩子感觉被娇纵的话，就会有曲解"做自己就好"之类教导的危险。

我之前在著作中写到的"做自己就好"是有特定语境的，与阿德勒此处所讲的语境不同。虽然我并不认为被父母无视的孩子会有很多，但父母却常常会不认可孩子。我认识一位小学生，这个孩子放学回到家就去照顾卧病在床的曾祖母。当我对其父母提到这件事的时候，孩子的父母却说："但是，那个孩子不爱学习。"

如果他学习很好的话，父母也许就能认可孩子了，但可惜这个孩子的学习成绩并不怎么好。于是，为了引起父母的关注，他选择了不停地受伤。有的孩子或许还会用生病来引起父母的关注，倘若是积极类型的孩子，可能会做出一些问题行为以引起父母的关注。试图引起关注就是一个问题。如果孩子想要借助这类事情来引起关注，父母就要告诉他不必做那样的事情。父母为了能够这么说，首先必须要接受孩子的现状。像这样，所谓的保持现状就可以，主要是站在父母的角度而言。

第九章
寻求人生意义

从他人视角来讲

　　保持现状是否好，这是一个很难回答的问题。也可以认为，假如就这样认可了现在的自己，人或许就不再想着继续成长了。

　　池田晶子提到五木宽之的《大河的一滴》电影摄制宣传时说"人'活着'，仅仅这一点就有价值"，并进一步指出这是不恰当的说法。

　　这句话的逻辑上存在以下问题。所说的"仅仅这一点"如字面意思所言就是"仅仅这一点"，因此，它讲的应该单单是"有价值""没价值"之类的价值判断之前的事实。

　　可是，一边说"仅仅这一点"，同时又说"那有价值"，因此，就是说"仅仅这一点就是价值"，也就等于是在说"没价值就是价值"。这在逻辑上似乎有点儿讲不通。

　　其次，这里加了引号的"活着"在语法上与后续的"仅仅这一点"属于同格，因此，"活着"所指的意思应该就是作为物理性存在而活着、生存着。

于是，这句话就成了"人'生存着'，仅仅这一点就有价值"的意思了。池田接着追问究竟是否如此，并且还引用苏格拉底的"重要的不是活着，而是好好地活着"这句话，试图说明仅仅"生存着"并没有价值，只有好好活着的人才有生存价值。

我认为，池田的观点确实有道理，但作为实际问题的话，这其中还是包藏着很大的难题。

我母亲因为脑梗死病倒之后完全没有恢复意识的希望。那样的母亲真的仅仅就是生存着而已，那么，母亲就因此没有活着的价值了吗？

能够回答这个问题的只有她本人。也许她会想"我以这样的状态活着没有价值，请不要再设法延长我的寿命了"。但是，那时候，她本人无法表明意志。她也可能会有"如果早在变成那种状态之前表明意志就好了"之类的想法。可是，即便自己之前预想到了这种情况，也有可能会认为自己幸好没有说"一旦失去意识不要设法为我延续生命"之类的话。

也许池田在讲生存一词时并没有考虑到像这样失去意识继而处于脑死亡状态的患者，但这是一个必须思考的问题。

也许本人可以要求中止续命措施，但其家人却不能说仅仅就

第九章
寻求人生意义

只是活着还不如死了。一旦做出那样的判断，以后肯定会后悔。我在母亲的病床前一直在思考这个问题。

倘若将仅仅是活着作为零分来想，那么，无论什么样的事情都能够以加法思维去看，这是从家人或周围人的视角来讲。周围的人需要去认可那个人的现状。为孩子的事情苦恼的父母往往会因为苦恼而责怪孩子不符合父母的理想。但无论现在是什么状态，作为父母，或许只能去接受孩子的现状。

但是，从"我"的视角来看，是否可以认为保持现状就好呢？或许那样想并不好。正如前面看到的一样，被娇惯的孩子，倘若其存在本身就能够得到父母的认可，那这样的孩子或许就会安于现状，不思进取，也不努力为他人做贡献。还可能会曲解父母认可其存在本身的意思。苏格拉底所说的"重要的不是活着，而是好好地活着"，应该是从"我"的视角而言。

不必刻意营造自己的优越感

但是，有些情况下自身也可以安于现状。阿德勒说优越情结是具有自卑情结的人用来逃避困难的方法之一，那样的人明明实

不逃避的勇气
"自我启发之父"阿德勒的人生课

际上并不优秀，却会假装优秀。在攻击型的孩子们身上常常能看到这种自卑情结以及试图克服它的欲求，"恰似踮脚站着让自己看上去比实际更高大，并试图用这种简单的方法来获得成功和优越感"。

不仅仅限于有野心的人，作为出发点的话，只能是当下的自己。如果不去看清现实的自己，总是做一些超出自己能力的事来让自己看上去更好，这也很不妥。即便突然以理想的自己为目标，并在感情上责怪达不到理想的现实的自己，那也没有意义。理想终归是理想，必须清醒地意识到其与现实之间存在差距这一事实。纵然自身不可安于现状、必须有所改变，但作为出发点，首先也应该从接受当下的自己开始。

关于自己，即便是拥有理想，如果与他人如何评价自己有关，也要尽早摒弃那种成分。因为，虽然应该朝着理想努力，但无论如何也做不到完全获得他人好评这一意义上的理想自我。

此外，依照世俗的价值观，也许有时候我们无法接受自我。在那种情况下，我们并没有理由不能质疑普遍认为好的价值观。

第九章
寻求人生意义

不可只知索取，还要懂得给予

"参与社会生活时，最重要的是尽可能地忘记自我，多多考虑他人。必须会用他人的眼睛去看，他人的耳朵去听，他人的心去感受。对手上的工作全力以赴。那种时候，不可以只想着让别人觉得自己重要之类的事情。不可以只知索取，一味求得别人认可，必须努力寻找给予、贡献的机会。这种态度可以说跟好客的女主人的心态很相似。男主人或女主人只要是客人在自己这里过得愉快开心，他（她）就会觉得很幸福。"

所谓"必须会用他人的眼睛去看，他人的耳朵去听，他人的心去感受"就是共同体感觉的定义。倘若换成之前看到的阿德勒的话，那就是，不做个人性的优越性追求，去关心他人，不是想着从他人那里索取，而是思考如何能够给予他人。这么做的结果是相互的，也会真正从他人那里有所收获。

不逃避的勇气
"自我启发之父"阿德勒的人生课

去贡献

二十八岁罹患多发性硬化症的杰奎琳·杜普雷患病后无法再作为大提琴手从事活动,但她在四十二岁去世之前也曾作为打击乐器演奏者登上过舞台。她还担任过普罗科菲耶夫《彼得与狼》的朗读者角色。杰奎琳·杜普雷就是这样尽可能地继续站在舞台上。

看到这样的生活方式,我会觉得虽然她作为音乐家的时代已经远去,但比这更了不起的是她作为一个人毫不屈服于不治之症、顽强活下去的精神,杜普雷的人生因此而愈加有价值。也许可以说,对于杜普雷而言,其晚年的生活方式所体现的并非"为艺术的艺术",而是"为人生的艺术"。

阿德勒说:

"天才是最有用的人。如果是艺术家,就会对文化有用,为很多人的闲暇时间带来精彩与价值。并且,这种价值即便是单单绽放虚空的光芒,那也具有实际意义,因为它依存于高度的勇气与共同体性的直观。"

第九章
寻求人生意义

　　精神科医生莱因在自传中提到了杜普雷。杜普雷在某场演奏会上突然失去了手腕和手指的知觉。发病一年后，她看上去似乎永久失去了双手协同活动的能力。但是，某天早上醒来，杜普雷发现自己奇迹般地又能够同时使用双手了。这种恢复状态持续了四日，期间，她完成了数曲值得纪念的录音演奏（肖邦和弗雷的大提琴奏鸣曲）。尽管此时的杜普雷已经很久没有练习过大提琴了。

　　莱因提到杜普雷是要将其案例作为器质性损伤不可逆转这一观点的反证，而我要关注的点与莱因有所不同。或许杜普雷本人也没有预料到自己会恢复。某天早上发现双手机能恢复的时候，她肯定也不知道这种恢复状态会持续几日。结果仅仅持续了四日。尽管如此，杜普雷并没有错过这个机会，她进行了演奏录制，这就是杜普雷的生存姿态。倘若只考虑自己，或许她就不会想到在这暂时性的恢复时期里为自己的演奏录音。我并不认为杜普雷此时做的是个人性的优越性追求。

不逃避人生课题

阿德勒引用某个人的早期回忆讲了下面的事情：

不逃避的勇气
"自我启发之父"阿德勒的人生课

"四岁的时候,我坐在窗边。那时,妈妈在织袜子,而我在看工匠于马路对面盖房子。"

其他人在劳动,而这个人在观望。总之,也就是说,与此人的人生相对应的姿态是旁观。如果自己不去关涉人生,就什么都不会发生。明明自己什么都不做,即使感叹跟不上他人也无济于事。不可以旁观,我们必须积极地参与人生。

多数人虽不至于像这样做一个旁观者,但在自己所面对的课题面前犹豫不决、退缩不前的做法阿德勒也不认可。就像前面已经看到的一样,如果有这样的人存在,我们就要帮助其面对课题,阿德勒称之为鼓励,而作为自己的问题,也要拿出不逃避课题的勇气。阿德勒并不是将自己创立的心理学仅仅作为理论提出来,而是亲自去实践,关于这一点读一下他的传记就能明白,我们可以从阿德勒的人生中学到很多。

阿德勒也有讲述自己早期回忆的文字。

"我有与我的人生紧密相关的空想的早期回忆。在三十五岁之前我一直将这段回忆放在心底,我以这段回忆为傲。进入小学的时候,我五岁,那所学校位于迪斯塔贝格小路的尽头。在我的记忆中,我和同学每天上学都必须经过一片墓地。我在经过这片墓地的时候心情很不好,总感觉心里很紧张。但我的同学们从那

第九章
寻求人生意义

里经过的时候却似乎很轻松。我为穿过墓地这件事承受了极大的负担。于是，我决心将自己从这种不安中解放出来。于是，以后再与同学们一起到达墓地的时候，我会故意比同学们走得慢一些，还将书包挂在墓地的栅栏上，一个人走着去。一开始独自经过墓地的时候我会加快步伐，渐渐地就可以从容来去了，最后，我感觉自己终于完全克服了内心的恐惧。"

直到三十五岁的时候，阿德勒遇到了一年级时的同学，于是便问到了这片墓地："那片墓地怎么样了？"面对阿德勒的问题，朋友回答说："那里并没有什么墓地啊！"这段回忆仅仅是阿德勒空想出来的。尽管如此，这段记忆对阿德勒来说仍然成了"心灵训练"。我们从中可以看出儿童时代的阿德勒是如何想要通过这种训练来克服困难，并且，回忆儿童时代的勇气有助于克服之后现实人生中的困难并度过困境。

阿德勒面对困难课题时，一想起这个时候的事情，就能够鼓起度过困境的勇气。阿德勒在众多记忆中选出了这段记忆。

阿德勒所面对的问题是什么呢？他曾说过"我在幼年时便已经熟悉了死亡问题"这样的话。阿德勒在三岁的时候，他的弟弟鲁道夫便夭折了，阿德勒在四岁时也得了肺炎。那时候，连医生也对阿德勒的病束手无策。因为这件事情，阿德勒很早便对死亡问题产生了兴趣，并于长大后成为了医生。在空想中保持了很长时间的阿德勒的早期回忆"有助于其面对死亡问题毫不恐慌,保持镇定"。

阿德勒后来将工作基地逐渐转移到了美国,在从伦敦出发去美国之前,他一想到这趟将要到来的旅行便会感到不安。在伦敦的最后几天,阿德勒做的梦十分清晰而令人担心。

梦里他按照预定时间乘上了船,但船却突然翻倒沉没了。船上装有阿德勒的随身物品,全都被汹涌的波涛摧毁掉了。

阿德勒在美国必须用英语讲话。为了学习英语,阿德勒付出了非同寻常的努力。在维也纳作为高明辩论家而闻名的阿德勒到了美国不能再继续讲德语。一想到要用生硬难听的英语来说话,他的心情或许会很沉重吧。但是,从留存下来的阿德勒用英语演讲的影像来看,他却是激情澎湃的。

霍夫曼在书中写到,阿德勒第一次去美国之前的一天晚上"经历了少有的自信丧失与不安爆发",但阿德勒的梦还有后续。

被波浪卷入海中的阿德勒在波涛汹涌的大海中拼命游着,凭着意志与魄力,他终于平安抵达陆地。

此时,阿德勒五十五岁。这一晚的梦清晰地展示了阿德勒面

第九章
寻求人生意义

对其在新天地美国的人生新姿态。阿德勒在获得能够用英语演讲的自信之前，每天都去上英语课。阿德勒学会开车也是在他六十岁之后的事情。据福特穆勒讲，阿德勒认为"倘若因为英语不好便回避这个课题（用英语演讲），那或许就会成为神经症患者为逃避人生课题而使用的借口之一。"可以说，阿德勒这种直面困难的勇气在梦中表现为拼命游着最终抵达陆地的情景。通过做这样的梦，阿德勒成功克服了不安。这与幼时穿过墓地的记忆唤起了阿德勒的勇气是一样的道理。

任何时候都能够保持自由

就像前文反复阐述的那样，阿德勒认为人绝非单方面地受环境影响。过去的经历或外在环境的确会带给人很大影响，但那并非决定因素，这一点在前文也已经分析过了。可以说，人在任何状况下，都不是无力的存在，在那种状况下如何活着完全凭借本人的决断。

哲学家森有正曾接连几日到医院看望后来翻译了森留下的德语日记的二宫正之。森拿来自己演奏的巴赫风琴曲的盒式录音带在病房里静静地播放。

不逃避的勇气
"自我启发之父"阿德勒的人生课

"人无论在什么情况下都能够保持自由。倘若是里尔克,即便在监狱中或许都是自由的吧。"

森这样来安慰卧病在床的二宫。

二宫的"当诗人失去语言的时候"这篇随笔,为因颈动脉异常而丧失语言功能之后的森的最后日子带来了莫大慰藉。

"这一次,我一边为躺在病床上的森播放着那盒录音带,一边祈祷即便在肉体这一监牢中受着折磨,森仍然能够保持自由。躺在病床的森也能够看到巴黎的天空。"

因脑梗死而失去行动能力的母亲曾利用小镜子默默地看外面的风景。那时候,即便处于那种状况之下,母亲依然想要学习德语。母亲那时或许并不知道自己所处的状况。正如陀思妥耶夫斯基所言,人即便是在身负致命伤之时也丝毫不会认为自己会死。因此,对母亲来说,想要学德语这件事或许也并非什么特别了不起的决定。但是,即便是那样,毫不拖延地去做当下能做的事,这样的生活方式也并不简单。

不久,母亲的意识水平进一步下降,精神也变得难以集中。这时,母亲说想要我给她读陀思妥耶夫斯基的《卡拉马佐夫兄弟》。我想,母亲即便躺在病床上也依然是自由的。

第九章
寻求人生意义

责任

责任（responsibility）即应答（response）能力（ability）的意思。就是被叫到的时候能够迅速回应说"到！我在这里！"。但是，有些人往往会假装没有注意到被叫，试图不予应答。就像前面看到的那样，很多时候人们可能只是自我设限，因此，不要急着去想自己做不到，要拿出勇气挑战课题。

像这样，阿德勒所讲的责任就是不逃避人生课题，鼓起勇气去面对人生课题。可是，当人们试图找出某些理由逃避课题的时候，就是在欺骗自己和他人。对此，阿德勒用人生谎言这个严肃的词语来形容这种做法。

作为将逃避课题正当化的理由，我们经常见到的是这样一种辩解：明明知道，就是做不到。倘若是阿德勒，或许会说其还是不知道。

阿德勒将自己创立的心理学命名为"个体心理学"（individual psychology），个体心理学中的 individual 源于拉丁语的

不逃避的勇气
"自我启发之父"阿德勒的人生课

"individuum"（不可分割）一词。阿德勒认为人是不可分割的整体。例如，他反对诸如将人分为精神与身体、感情与理性、意识与无意识等一切形式的二元论。个体心理学就是研究这种作为不可分割之整体的人的心理学。

这种作为不可分割之整体的人，会朝着某个方向行动。关于意识与无意识，阿德勒认为其是"一个相同实体的相辅相成的部分"。即便某部分看上去像是朝着相反的方向运动，其实也是在协力朝着一定的方向前进。

并且，将人看作这种不可分割的整体也就意味着不认可那种在两种以上选项中犹豫不决、无法决断意义上的挣扎与纠葛，因为并不存在既想做又不想做之类的内心背离。

柏拉图指出了这种明明知道但却做不到或者受感情支配之类的人的状态，并称其为 akrateia，可译为"不可自制"或"意志薄弱"。但是，与阿德勒一样，柏拉图并不认可这种 akrateia。例如，他认为并不存在由于受感情支配而致使人所拥有的理性或知识失去效力之类的事情。

可是，倘若人真的知道什么是善也有好处，就绝不会受感情支配，假若发生了那种受感情支配的事情，那应该会认为自己当时的行为是善的。也就是说，如果人们有明明知道应该怎么做但

第九章
寻求人生意义

却做不到之类的事情，那并非其本来就知道应该怎么做，也就是人们并不真正知道什么是善。

由自己决定

一旦遭遇一些超越人类智慧而又无法认为是偶然性的事情，人就容易去相信命运。阿德勒说，遭遇了某种可怕的事情但却毫发无损地获救的人有时会认为命运早已注定。我认为的确会有这样的事情存在。

阿德勒列举了这样一个例子。有个人有一次打算去维也纳的剧院，但在那之前他必须先去一趟其他地方。等他好不容易到达了剧院，却发现剧院已经被烧毁了。剧院里什么都没有了，但他却侥幸得救。阿德勒说这样的人很容易认为自己是被命运赋予了某种更高的目标，可问题是有时候这样的人在其之后的人生中会经历与那种期待不同的结果。因为有时也会勇气受挫，失去重要支撑，进而陷入忧郁状态。

人一旦相信命运，有时就会将本应由自己负责决定的事情委托给命运。倘若一切都已注定，那或许人就不会去努力了，另外，

不逃避的勇气
"自我启发之父"阿德勒的人生课

如果认为即使努力也是"人间万事皆偶然",一切幸福也都不会长久,这类人就只能在看似超越人类的力量面前驻足不前了。

柏拉图说过下面这样的话:

"并不是主导命运的神灵抽签选中你们,而应该是由你们自己选择自己的神灵。"

在希腊,人们曾认为每个人都有一个主导并支配各自命运的神灵相随。与一般的想法不同,柏拉图强调说命运并非是被给予的,而是各人自己选定的结果。

"责任在于选择者,神没有任何责任。"

柏拉图说如果人们能够这样想,则人人都会想要对自己有好处这一意义上的善了。虽然有时人们也的确会选错实现这种善的手段,但选择的时候,不要悲观地想着"那样就行吧",而要做出"那就是好的"之类积极主动的选择。并且,不要将与那种选择伴随而来的责任推给任何人或事,要由自己全力承担。积极进行由"那样就行吧"到"那就是好的"之间的转换。只有抱着这种想法,人们才能主动承担与选择相伴而生的责任。

第九章
寻求人生意义

聚焦目标

像这样,坚定地选择了"那就是好的"之后,人们就会为了实现它而朝着某一目标生活。只是,还要注意下面的事情。

阿德勒说优越性追求具有一定的灵活性。优越性追求即便是被框定在了特定的方向上,也一定能够找到新的出路。

但是,盯着自己制定的目标时,有的人会认为"如果得不到这个,就会一无所有"。当课题难以达成的时候,就想要从中逃开,阿德勒用"全或无"来解释这种生活方式。这一点在前文已经分析过了。

人往往想要达成某种目标,但有时达成目标本身会成为一种目的。人会固执于目标,将主要着眼点全都放在如何达成或者如何高效达成目标上面。

倘若认为唯有达成目标才有意义,那就会只看重高效达成目标或者不择手段地达成目标,而全然不顾达成目标之前的过程。

不逃避的勇气
"自我启发之父"阿德勒的人生课

根本无法树立即便达不成目标也要享受这个过程之类的想法。

  树立目标本身并没有问题。但是，有时候人们会明显地发现自己无法达成目标，或者当自己注意到这一点的时候，发现目标意外地发展到当初没有预料到的地步。这种时候，我们有理由认为目标也可以不必那么高效地去实现，甚至是达不成也没有关系。这并不是说我们可以不去为达成目标而努力，而是说即便在目标未能如愿达成的时候我们也可以反思一下自己制订的计划是否存在破绽。或许还不得不承认有些时候并非是自己努力不够，而是会有一些人无法左右的因素导致目标难以实现。

  此外，有时候，即便自己打算朝着实现目标努力，但事情却向着自己想要回避的方向发展。要避免这样的事情发生，应该怎么做呢？

  聚焦目标，并时常审视目标。思考自己真正想要完成的是什么。只要弄清楚了这一点，就不会一直固执于一条道路，就能够在必要的时候及时撤退、止损并迈向其他道路。不过，那种时候，倘若个体已经耗费了太多时间、精力以及金钱，或许撤退就需要勇气了。即便是那样，人生有时也会遇到需要下定这种决心的局面。我们必须通过聚焦目标来摆脱眼前事物的束缚，努力朝着对自己来说真正重要的目标前进。

第九章
寻求人生意义

如果目标聚焦出了问题，就会看不到近前的事物，或者试图排除一切对目标实现不起直接作用的事情。对此，阿德勒说：

"对于个体心理学而言，人生中不会有哪个课题会比其他课题更重要。倘若强调爱与婚姻问题，格外突出其重要性，就会失去人生的和谐。"

有的人会选择工作狂式的生活。他们会认为由于自己工作繁忙而导致很多事情都无法去做。但是，如果是阿德勒的话，或许会这么说：他们是为了不做很多事情才选择了工作狂式的生活方式。

也有人认为爱情是人生的一切，这或许应该称之为恋爱至上主义吧。这种人看上去好似能为爱而不顾一切，但这种排除对目标实现不起直接作用的事物的做法却是错误的。

说到目标设定，我们很难从一开始便看透一切。如果发生了意想不到的事态，不可以因为已经决定了便固执于此。行不通的时候最好能重新进行决断，没有必要因为框定了某一个方向便放弃目标本身。即便不放弃目标，但一味固执于目标也会造成浪费时间，有时还会陷入危险。

鹤见俊辅谈到了"中途改变主意的权利"。一旦开始就必须完成，这在某种语境下的确是正确的，但实际上，阿德勒说这也需要勇气，倘若不是勇气而是蛮力，那或许就没有意义了。

就在这里跳吧

有的人认为现在的生活是暂时性的，等我们的理想都实现了才是真正人生的开始。但是，即便具有暂时性，我们也只拥有当下的这个人生，也许此刻的生活就是全部。

黑格尔在《法哲学原理》的序言中引用了下面这句话：

"这里就是罗德斯岛，就在这里跳吧！"

这句话的出处是有典故的，它来自《伊索寓言》中的故事。有一位在自己国家总是被人说不够勇猛的"五项全能"的运动员有一次去海外参加比赛，过了很久才回来。这名男子吹嘘说自己在很多国家都威名远扬，特别是在罗德斯岛，自己跳得比奥林匹亚选手都高。并说如果去罗德斯岛的话，当时在竞技场上的人们都会为自己作证。于是，在场者中的一个人打断了他说："嗨，老兄，那如果是真的，根本不需要证人。这里就是罗德斯岛，就

第九章
寻求人生意义

在这里跳吧！"

引用这句话的黑格尔的意图是什么暂且不谈，我据此想到了那些只生活在人生可能性中的人或者仅仅活在不必实际付诸行动的状况下的人。

可能与此处引用这句话的意图稍微有点儿不同，我还想起来了阿德勒为了说明生活方式而写的下面这段文字。将三名不同类型的孩子带到狮子笼跟前。三个孩子都是第一次看到狮子。

第一位少年说："我要回家！"第二位少年说："多么棒啊！"但他这么说的时候实际上却在发抖。第三位少年说："我可以朝狮子吐口水吗？"

当然，正因为狮子在笼子里，这位少年才能够说出这样的话。

此外，康拉德·劳伦兹也说过下面这样的话。狗只有在确认对方隔着围墙，绝对来不到自己地盘的时候才会激烈吼叫，互相威吓。

不仅仅是在空间维度，在时间维度上处于安全圈内的人也是什么都敢说。"如果……的话"，倘若标榜着这种假设句，或许什么都能说。

不逃避的勇气
"自我启发之父"阿德勒的人生课

作为现实活动态的生命

我经常会问他人"你现在正处于人生的哪一个阶段"这个问题。然而，没有任何人觉得这个问题不可思议，并且会给出各自的答案。大家往往都会觉得这个始于诞生、终于死亡的人生会有转折点，有的人觉得自身距离到达转折点还有很长时间，或者有人觉得自身的转折点在很久以前就已经过去了。

亚里士多德曾将运动与现实活动态进行对照论述。通常的运动往往会有起点与终点，其目的最好是尽早高效地被达成。例如，上班时人们一般都希望尽早到达工作单位，因此，如果有可能，有必要乘坐高速电车或特快列车，而不是普通电车。这种从自己家到工作单位的运动，其本身并不是目的。也就是说，到达目的地之前的运动在尚未达到目的这个意义上来讲是未完成、不完备的。重要的不是"逐渐完成"，而是在多长时间内"已经完成"了多少事情。

但是，亚里士多德认为，人本来的行为状态并非这种静止意义上的运动，而是被称为现实活动态的东西，效率这一观念本质

第九章
寻求人生意义

上并没有存在的余地。目的就存在于行为内部，人的行为本身就是其目的。因而，作为现实活动态的行为常常就是完整的，与"从哪里到哪里"这种条件以及"在多长时间内"之类的时间限定都没有关系。"逐渐完成"其本身就是"已经完成"。

例如舞蹈，跳舞本身就有价值，人在跳动着的那一时刻就是愉快的，通过跳舞去向哪里，以及如何高效率地去，这都不重要，没有人会为了去哪里而跳舞。作为跳动的结果，人也许会到达某一个地方，但不会有人为了去某个地方而跳舞。

在旅行中，高效地到达目的地并没有意义。即便没有到达目的地，也可以欣赏从踏上旅行的瞬间到抵达目的地的途中景色。旅途中，时间以不同寻常的方式开始流动。但是，不仅仅是旅行之类的特别机会，即便去上班的时候，人们也可以如此去留意途中的风景，享受抵达工作单位之前的途中时间。

那么，"活着"又是怎样的呢？的确，有时我们会对人的生命做空间性的想象，以始于诞生、终于死亡这样的线段形式将其具象化。思考人生的转折点，仅仅在将人生想象为线段式的存在时才有意义。但是，这只是解释生命的一种权宜手段。因为，即便想象着转折点说自己的人生已基本过半，也没有人知道我们的人生何时会终结。也许转折点早就已经过去了。活着本来就不是静态性的运动，而是一种现实活动态。"活在"每一个"当下"，

不逃避的勇气
"自我启发之父"阿德勒的人生课

这就是亚里士多德的观点。

倘若人们能够像这样将活着作为现实活动态来理解，即便人生突然终结，也不至于会有壮志未遂便英年早逝之类的遗憾。如果把人生作为现实活动态去度过，就不会把明天当作今日的延长，仅仅去延续生命，而能够将今天作为充实的一天去度过。

被判以死刑的苏格拉底说："重要的不是活着，而是好好地活着。"阿德勒说："人生有限，但足以活出价值。"仅仅活得时间长恐怕还不够，我们应该活出人生价值。倘若不是仅仅活着，而是好好珍惜活着的每一天甚至每一刻，那些平时不经意间忽视掉的瞬间都会显得格外不同。

我手上有一块镇纸，上面刻有亚里士多德的一句话，意思是"人在好好活着的同时就已经活好了"。不同于作为通往目的之活动过程的运动，作为目的内在于行为之中或者行为本身就是其目的的这种完整行为的典型例子，亚里士多德举出了"活着"这个例子，以说明逐渐完成本身就是已经完成。如果是说活着这件事，人在活着的同时就已经活过了，当下的生命就是完整完备的。

柏拉图被认为"死在写字台前"。这句由西塞罗传达的话究竟是什么意思，有时会成为讨论的问题。具体而言就是，它到底是如字面意思所指是倒在写作过程中，还是本打算写几本书却没

第九章
寻求人生意义

有完成便去世了？而我更愿意认为其所指的就是字面意思——病倒的老师未写完的稿子至今仍原封不动地放在书桌上。

关于死亡

现实活动态不同于静态意义上的运动，它不在时间框架之内，无法通过时间进行计算。如果将活着理解为现实活动态的话，那死亡就不会是阻碍我们人生去路的东西。死亡对我们来说也不再是一种威胁，即便活着的时候一切看上去都与死亡一起归零。单单活着或是延续生命只是希望时间持续，而好好活着或是作为现实活动态的生命则指向超越时间的永恒。因此，对于这种作为现实活动态的生命来说，死亡究竟是什么也就没有什么意义了。

阿德勒自幼便熟悉了死亡，这一点在前面也已经看到过了。阿德勒三岁时，一岁的弟弟鲁道夫便死于白喉。弟弟的夭折，再加上阿德勒自幼体弱多病，以及四岁时差点死于肺炎的经历等，这一切都促使他下定决心将来要成为一名医生。关于下面这位少年的记述或许就可以看作是阿德勒自己的经历。"假设有一位少年因为自己身边的人生病或死亡而恐惧不安。这位少年也许就会想要通过成为医生与死神决斗这样的决心去平息那种恐惧。"幼

不逃避的勇气
"自我启发之父"阿德勒的人生课

时经历身边的人去世,这会给孩子的心灵带来强烈影响,而在与疾病或死亡问题搏斗之后,有时其本人就会成为医生。

阿尔弗雷德·法罗记录了其围绕死亡问题与阿德勒之间的一段对话。这个时候,阿德勒 57 岁,法罗 23 岁。

"你最近似乎总是陷入沉思啊……为什么不说出来呢?"

"阿德勒老师,我一直在思考死亡问题。"

"你总是思考死亡问题啊!"

"嗯,是这样的。但这次不太顺利,好像是遇到了什么想不通的地方。"

阿德勒微笑着问:

"那你是发现了什么吗?"

"是的,我认为'死亡'是一种意外。"

"你讲讲看!"

"阿德勒老师,您认为人无论如何都一定会死吗?"

第九章
寻求人生意义

"如果那么想的话,或许就当不了医生了吧。我想要与死亡格斗,战胜死亡,甚至是掌控死亡。"

"这个我明白。我想要说的是我突然发现人往往都把死亡当作不可避免之事去接受。但是,谁能说这就是真的呢?阿德勒老师,我坚信寿命可以延长到100岁、120岁、150岁。不,也许并没有界限。"

"我赞成你的想法。通过作为医生和心理研究者的观察来看,延长寿命是有可能的,我甚至慢慢认为也许哪一天这会成为很自然的事情。但是,人的生物学、生理学方面的法则以及身体的构造大多还不是很清楚。尽管如此,我们也并不能因为有太多的不了解就认定细胞、内脏器官各部分或者内脏器官的整体就无法保存。"

"阿德勒老师,您认为有可能存在死后的生命吗?脱离了身体或生理机能……"

"在所谓的神怪表演中……巫师……我看到的东西都没怎么留下深刻印象。但是,正如字面意思所言,在位于暗处的领域中,也许还有很多事情有待被发现吧。你问我是否相信脱离了身体或生理机能之后仍然有生命存在,对吧?倘若不是有目前完全未知的生理学新法则被发现,我就不相信。但这种事情也不是不可能。

可是，我认为在我有生之年并不会发生。"

"阿德勒老师，想到自己有一天会死亡，您不会感到害怕吗？"

"不，我并不害怕。我很久之前便已经与那种想法之间达成和解了。"

"我有时会感觉人生深不可测。这该怎么办呢？"

阿德勒试图站起来说：

"好好地活着。就在深渊之中！我能说的就只有这些。并且……活下去！倘若能够改变必死亡这一事实，我也许会去那么做。但那是无法办到的事情，因此，我不会拿那种可能性来困扰自己的人生，就算现在能享受的事情全都归零也不想认为其是不幸。看，还有其他人在等我，我要做的事情还有很多。"

阿德勒在这里讲到的"我想要与死亡格斗，战胜死亡，甚至是掌控死亡"与其在著作中的很多地方提到的想当医生的动机说明是一致的。

关于死亡，在阿德勒生活的年代，人们并没有弄清楚，今天也依然没有太大改变，但即便不了解死亡究竟是怎么回事或者其本身到底是什么，阿德勒都不会因此而让当下的自己陷入不幸。

第九章
寻求人生意义

我读了这段阿德勒与法罗之间的对话，想起了苏格拉底在法庭演说中最后说了下面这样的话。

"但是，该结束了！因为时间到了！我必须得走了！我要去死，而诸位要去活。可只有神知道我们的未来哪一个更好。"

阿德勒说"看，还有其他人在等我，我要做的事情还有很多"，这与留驻生命形成了鲜明对照。阿德勒与苏格拉底的话的相通之处就在于他们并不认为死亡一定是坏事，势必会给人带来不幸。

法罗最后一次见到阿德勒是在1935年。

"我曾经跟你说过我为什么会成为医生吧，因为我想要战胜'死亡'。"

阿德勒顿了顿又补充说：

"虽然这并没有成功，但我却在途中发现了一个收获——个体心理学。我认为那是一件有价值的事情。"

阿德勒留驻了生命，确立了自己的心理学。

前文分析了面向未来的原因论。坚信将来一定不会幸福或者认为死亡很可怕的原因也是一样的。

有人认为那是好事。但是，寄希望于无法证明的事情，我认为倘若没有强烈的信念，那恐怕是很难的。

可是，如果有人认为死亡很可怕，那无非是视不知道的事情为知道。苏格拉底临死前说：

"恐惧死亡这件事好吗？这无非跟诸位没有智慧却认为自己有智慧是一样的，因为没有人知道死亡究竟是什么。"

但是，我们也不知道死亡是否是"所有好事中最大的好事"，因为谁都不清楚死亡的真面目。

现在就能获得幸福

还有一种情况，有人会乐观地认为什么坏事也不会发生，也有人认为拥有金钱就可以得到自己期望的一切，包括名誉、地位，甚至是人心。但是，生活中也未必净是发生好事。

当母亲年纪轻轻便因脑梗死病倒而致半身不遂时，我不得不去思考人的幸福究竟是什么。我当时就想，人到了像母亲这样无法行动并且连意识也失去的时候，还能找到生存意义吗？那时我

第九章
寻求人生意义

明白了金钱或地位起不了任何作用。如果人没有了意识，就连健康都跟幸福无关。在极端状态下，外在或偶然性的事物并不能发挥什么作用。

倘若依赖这些事物，在遭遇突然失去它们之类的事态时，人会立刻陷入不幸的深渊。金钱或地位之类的外在事物不可能成为幸福的条件。正如前面已经看到的一样，拥有这些并非对谁来说都会毫无例外地被认为是一种幸福。我有时也会觉得人生很残酷，常被命运捉弄。但是，无论什么样的人生，并不是外在事件让人幸福或不幸。

认为现在有妨碍自己幸福的事态，如果消除它或许就会变得幸福，倘若很多事情都能实现也许就能获得幸福，抑或声称因为过去经历了造成精神创伤的事件，现在才活得很痛苦，这些都是神经症的逻辑。明明没有人不渴望幸福，但看上去这些人却似在拒绝幸福。

并且，在这种逻辑下，活着常常被理解为静态性的运动。人们会认为，虽然现在不幸福，但如果能够满足某种条件就能够变得幸福。但是，一旦这样想，现在的时间就会成为为了未来有可能获得幸福而做准备的时间。

不逃避的勇气
"自我启发之父"阿德勒的人生课

不迷失与人生之间的关联

阿德勒在有的地方论述了那种成为 unsachlich，失去与人生之关联以及与现实之接触的生活方式。unsachlich 即不符合事实或现实（Sache）之意。柏拉图谈论过梦中的必然性。在梦中，如果人意识不到是在做梦的状态，有时会有条理地说话、行动。但是，从脱离现实这一点上来讲的话，即便是符合逻辑，只要不存在与现实之间的触点，梦就始终是梦。即使在醒过来的时候，有时也不存在与现实或人生之间的触点。阿德勒说不可以这样。

作为丧失与现实之触点的案例，阿德勒列举出了这样一种情况：很在意别人怎么看自己。阿德勒说，人一旦拘泥于自己给别人留下了什么印象或者他人如何看自己之类的问题，就会变成 unsachlich，丧失了与人生之间的关联。在意这种事情的人往往只关注他人对自己的评价。比起实际如何（Sein），更在意他人怎么看（Schein）的话，就容易丧失与现实之间的触点。

不管别人怎么看自己，都要按照自己的信条活着。倘若太在意他人的看法，一味去迎合他人的话，不仅无法为自己的人生树

第九章
寻求人生意义

立一定的方向性,还会招致他人的不信任感。因为,试图同时接受互不相容的观点或者向互相敌对的人同时表忠心之类的事情有时会被人发觉。抑或,有时如果一味考虑别人怎么看,就会以之为理由(借口)去回避所面对的课题。

首先,阿德勒说这样的人只知道考虑自己,我希望大家注意这一点。阿德勒说,只知道考虑自己的人"往往会忘记人生要求什么或者作为人应该给予(人生)什么"。在此,我想起了这样一件事情,法兰克福曾学习康德,不去问"我还能够从人生中期望什么",而是转而去问"人生对我期望什么",并称之为"哥白尼式革命"。不对人生付出,而一味期望人生,这是被娇惯者的逻辑。

其次,这样的人只去关注理想中的自己或他人,而忽视现实中的自己或他人。这与"可以保持我(你)的现状吗"这一问题有关,关于这一点,前面已经考察过了。

最后,倘若一心想着实现了什么之后真正的人生才会开始,就无法活在"当下",继而迷失与现实之间的触点。这样的想法与只会说"如果……的话",一味寄希望于可能性的神经症患者的逻辑是一样的。

所谓目的论就是以善为志向的意思,树立某种目的的时候,

不逃避的勇气
"自我启发之父"阿德勒的人生课

那种目的未必一定要面向未来。在前文看到的亚里士多德的现实活动态中,目的就内在于行为之中。

儿子四岁的时候,我俩曾有一次一起等公共汽车。那天,我们先乘了二十分钟左右的电车出远门。出了电车站之后打算乘公共汽车去目的地,但一个小时只有一班的公共汽车刚刚才开走。于是,我略带沮丧地对儿子说:"再过一个小时公共汽车才能来呢。"可儿子却开心地回答:"好啊,那就等着吧!"

就那样,我和儿子晒着有点儿不像五月的初夏骄阳,静静地坐在汽车站等公共汽车到来。那时的我们一点儿也没有着急,就那样静静地等着时间流逝的感觉可真好啊!但是,这段时间并不仅仅是等待发往目的地的公共汽车的时间,这段时间仅仅那样流过就已经很完美了。即使那天公共汽车不来,我们没有到达目的地便返回了,我或许也不会觉得遗憾。

此外,人有时会想要延迟解决问题。正如前面已经看到的那样,面对人生课题惧怕失败的人往往害怕挑战课题,进而罹患神经症。那样的人常常想要"停滞不前(拖住时间)"。

入学之后很快便不断迟到的少女由于在上学之前一直由他人替其完成课题,导致其没有做好直面困难的准备,继而心怀恐惧,最终试图逃避。一旦进入新环境,之前并不突出的生活方式会变

第九章
寻求人生意义

得明显起来。孩子进入学校的时候尤其如此。在那之前孩子无论多么受家人关注,进入学校之后再也不会被人捧着了。

"实际上她也是采取了勇气受挫者为了逃避表面上的失败而经常采用的手段。也就是说,无论什么事情,都不去完成。如此一来便可以免受最终评价,因而就尽可能地去浪费时间。对于这样的人来说,时间是最大的敌人。因为,在社会环境中,他们似乎会不断苦恼于'我要怎样利用时间'这一问题。因此,他们便会做一些无聊的事情来进行'消磨闲暇'的奇怪努力。这名少女则总是迟到,并且,还将一切行动延期。即便受到责难,也不与人为敌。"

苦恼也是一样。因为,只要苦恼着,就可以不去做决定。通过苦恼来延迟面对课题,以这种方式生活的时候,人就过着一种丧失与人生之关联的生活方式。

有时我会碰到父母来咨询孩子不去上学该怎么办的问题。很遗憾,由于我无法就这个问题给出建议(此处无法详细深入展开,但在开始心理咨询的时候,我会制定咨询达成之后便意味着心理咨询可以结束的目标。去学校上学是孩子的课题,由孩子来决定,因此,在与父母之间的心理咨询中,如何让孩子去学校上学不能作为心理咨询的目标),所以,有时我会说"与孩子聊聊怎样才能过得更愉快吧"。几次心理咨询之后,父母往往会说"自己能

不逃避的勇气
"自我启发之父"阿德勒的人生课

够与孩子友好相处了,但孩子还是不去学校"。此时,我便会说"那或许并不是心理咨询的目标吧",但父母常常会接着询问"与孩子之间的关系确实变好了,但这样就可以了吗"。对此,我会回答说:"是否可以,我不知道,也许不可以,但也只能从这里开始。"我会跟父母进一步解释说,倘若有什么能够帮助孩子的事情,也许首先只有与之搞好关系才能够给予援助。

那么,与孩子搞好关系之后是不是孩子就会去上学了呢?并不一定。因为,与孩子友好相处的时间,其本身就已经很完美了。当父母脱离那种想法时,有时孩子的人生也的确会开始发生变化。但与孩子友好相处并非一种有所图的手段,其本身就是目的。

不要想着是在与拒绝上学的孩子相处,或者与孩子相处的时候心里总是想着孩子若是没有丧失与现实之间的接触点未来或许也会按照父母的理想去学校上学,而要认真思考一下如何才能与眼前这个没去学校上学的孩子愉快相处。一旦去思考怎样才能让孩子去上学或者如果孩子一直这样不去上学会怎么样之类的事情,就会忽略掉当下的人生。即便大脑中再怎么纠葛不清,现实中也照样什么都不会发生。未来也许会到来,但并不会跨过现在。不管孩子是有问题,生病,还是不符合自己的理想,父母现在也只能与眼前的这个人去相处。

第九章
寻求人生意义

乐观主义

即便有无能为力的事情并处于极端状况之中,人依然能够获得幸福,没有理由不能开心快乐地活下去。

就像人无法决定自己什么时候出生一样,我们也无法判断自己什么时候会死去,我们也无从知道地震之类的自然灾害什么时候会到来。大家根本不知道自己什么时候会来到这个世界,又会在什么时候离开这个世界。我们也无从判断世界会对自己做什么。但是,自己能够对世界做什么,这却可以由我们自己来决定。也许世界并不知道我的存在。即便没有我,世界也会继续运转下去。但是,有一点是清楚的,那就是:如果没有这个世界,我将不复存在。

阿德勒说,常常抱着乐天派思维的人一定是悲观主义者。抱有乐天派思维的人往往会毫无根据地相信自己会很幸运。但是,一旦遭遇彻底颠覆那种信念的事件时,抱有乐天派思维的人或许就会丧失勇气,难以活下去。我并不是认为不可以乐观地看待人生或者常常向前看、朝前走,但倘若是无视自己所处的状况或现实,那也许就没有意义了。无论处于什么状况,都不要束手无策,肯定有自己必须要做的事情。也可以说只能由自己来做,因为没有任何人能代替自己去度过自己的人生。

但是,也不要过于悲观。做什么都满不在乎的人最后什么都不会去做。悲观主义者往往缺乏直面状况的勇气。

故而,我们要保持既不是乐天主义也不是悲观主义的乐观主义。面对问题,虽然眼下并不知道是否有办法,但也不要满不在乎,要从能够做的事情开始着手。虽然不知道那么做是否能获得回报,但也许我们只能从能够做的事情开始着手。

享受人生

作为现实活动态的生命会珍惜每一个瞬间。但是,并没有必要因为选择那种生活方式便常常让自己处于令人窒息的紧张状态之下。柏拉图在晚年的对话篇《法律》中写了这样的事情。何谓正确的生活方式?那就是从容地活着。《旧约·圣经·箴言篇》中说无论什么事情、什么时候人都想通过努力使自己有所收获,哪怕是在出生或死亡之时也是如此。但是,其接着又讲,"对人

第九章
寻求人生意义

来说，最幸福的是开心快乐地度过一生"。

从容享受当下的瞬间。在当下的瞬间，放下过去，活在当下。人只有处于当下才能获得幸福。"活着真好"，在能够这么想的瞬间，过去和未来已不存在，那一瞬间生命已经完成。

"倘若孩子能够成为所有人的亲密朋友，（长大之后）能够通过有益的工作和幸福的婚姻为社会做贡献，也许就不会觉得劣于或输给他人了吧。遇到自己喜欢的人，能够胜任难以应付的工作，也许就会感到自己在这个友好的世界上活得轻松惬意了吧。此外，也许还会感觉'这个世界是我的世界。不要等待、观望，必须积极行动起来'。并且，也许会坚信现在这一刻就是人类历史中独一无二的时刻，并属于人类历史——过去、现在，以及未来——之整体。但是，也可能会觉得现在正是自己完成创造性课题、能够为人类发展做出贡献的时刻。的确，这个世界上会有邪恶、困难、偏见。可那就是我们的世界，那些好处和坏处都是我们的。如果我们在这个世界中行动、进步，谁都以适当的方式毫不退缩地面对自己的课题，就可以期望能够在改善世界方面发挥自己的作用。"

与"身处敌国"相反的表达是"在世界上轻松惬意地活着"。能够产生这种感觉的人会觉得"这个世界是我的世界。不要等待、观望，必须积极行动起来"。现在这个时刻就是人类历史中独一无二的时刻，这或许也可以用来形容个体。

不逃避的勇气
"自我启发之父"阿德勒的人生课

　　阿德勒认为必须看到这个世界上存在的邪恶。但是，当他说在这个既有好处又有坏处的世界中，"可以期望能够在改善世界方面发挥自己的作用"的时候，当阿德勒建立个体心理学的时候，他就是想让这个世界变得更好，希望大家在这里再次想起这一点。

　　在阿伯丁突然去世的阿德勒虽然舍我们而去，但我常常想如果是阿德勒的话，他也许会这么说吧。对此，我们可以将下面柏拉图的《对话》中的苏格拉底换成阿德勒。

　　"诸位如果听我的话，请不要太在意苏格拉底，而要更在意真理！并且，如果你们能够认为我的主张有道理，那表示赞成就可以了，若非如此，尽管来批判反对即可！"

后　记

　　我之前写的书大都是面向这样的人，也就是，自己想说的话也不说，或者甚至都不明白自己的期望，就那样糊里糊涂地活着的人。即便对其说"你并不是为了满足他人的期待而活"，他们依然会十分在意他人的看法。即使告诉这些人活着要多为自己考虑，也丝毫不用担心他们会因此选择任性而自我本位式的生活方式。

　　本书写给那些不得不对其说"他人并不是为了满足你的期待而活"的人。因此，我的话对那些人来说也许会觉得很刺耳。阿德勒使用了"向他人汤里吐口水"这样一种不太美观的比喻。本书的前半部分就是希望读者读了之后会反思自己之前的生活方式并决心改进它。

　　但是，就像阿德勒派的心理咨询始终贯彻鼓励原则一样，我的书也不可以仅仅止于指出问题点，因此，本书后半部分围绕着

不逃避的勇气
"自我启发之父"阿德勒的人生课

应该怎么做这一主题,结合阿德勒的著作来考察具体建议。在这里分两个方面进行分析,一是作为自身问题必须思考的方面,二是对他人进行援助这一方面。

我一直认为阿德勒的语言不太严厉,但也有想要掩耳拒听之处。我在写作过程中经常会想到柏拉图《会饮篇》中登场的阿里斯托芬。这部作品写到,肯定是苏格拉底强迫阿里斯托芬承认其不顾自身诸多欠缺而参与雅典政治,并且进一步猜测说如果阿里斯托芬看到苏格拉底离开这个世界,那时他该多么高兴。

不用说,这与阿里斯托芬的本心正相反。通过阿里斯托芬说出来的这种心情一般被认为是年轻时的柏拉图自己的想法。那么,后来苏格拉底真的被处刑离开这个世界的时候,柏拉图又是怎样的心情呢?

后记

如果不知道阿德勒，或许我会把自身的不幸简单地归咎于过去或外在事件吧。可是，阿德勒却说并非如此，而是自身选择的结果。

我也曾多次想要逃离这么讲的阿德勒。可是，不知为什么我又最受阿德勒的启发。正因为如此，我才会翻译阿德勒的著作，甚至是写一些阿德勒心理学的入门书。苏格拉底说："未经审视的人生不值得去过。"阅读阿德勒的著作就是在审视自己的生活方式。

岸见一郎